日本酒がおいしいと
思いはじめたら、
まず読む本。

大人の粋酔倶楽部

JN238848

居酒屋で日本酒をオーダーするとき、
皆さんはどんなリクエストをするだろう?

「スッキリしたやつが飲みたいです」
「辛口のタイプをお願いします」

おそらく、そんな抽象的な言葉でニュアンスを伝え、
プロのセレクトに委ねるケースが多いのではないか。
もちろん、それは決して間違ってはいない。
昔から“餅は餅屋”と言うし、
何より店主の薦めに耳を傾けることは、
酒場における最高のコミュニケーションのひとつだ。

でも、日本酒好きに拍車がかかると、
もうひとつ上のステップに進みたくなるのも事実。

酒場でお酒に関する薀蓄《うんちく》を語るのは無粋、
でも、もっと自分の言葉で好みを伝えたい。
本書はそんな酒飲みの気持ちに、ゆるやかにお応えしたい。

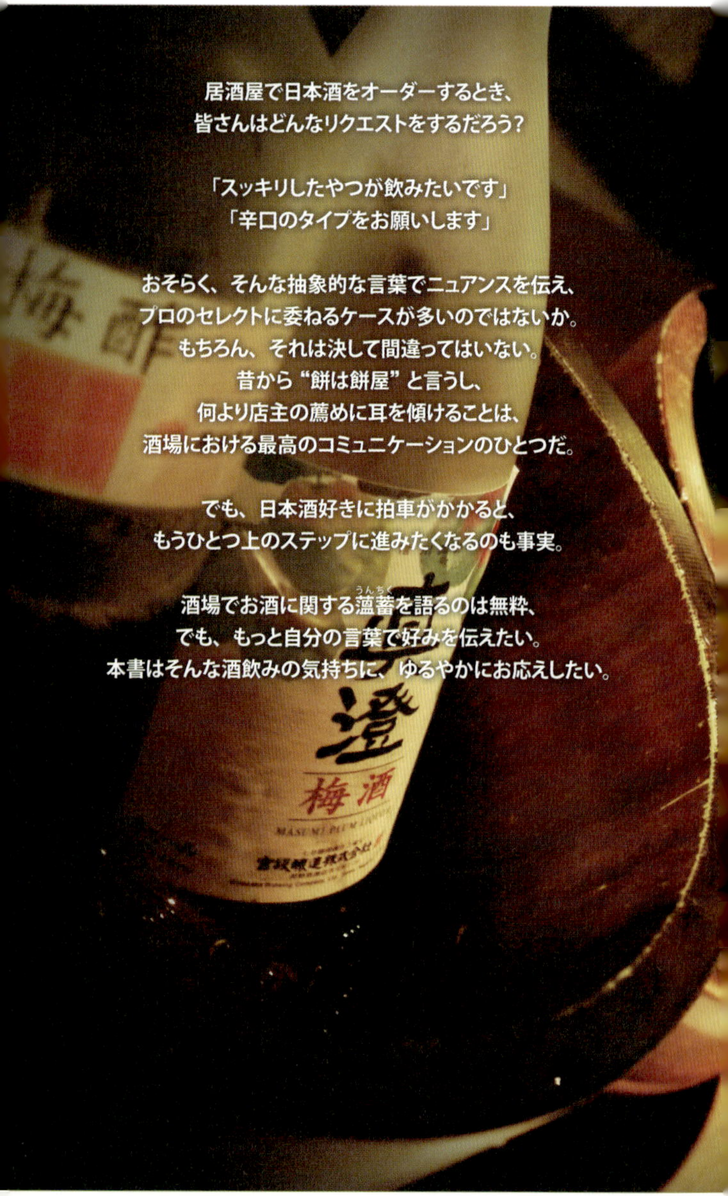

日本酒を愛好する人が増えている。
街には“日本酒 BAR”というスタイルの店舗も増えてきた。
本書を手にした皆さんのなかにも、
「そういえば最近、日本酒を飲む機会が増えてきた」
という人がきっと少なくないだろう。

日本酒の歴史は古い。
記録を遡ればあの『魏志倭人伝』のなかに記述が見られ、
稲作が根付いた弥生時代にははっきりと
米を主体とした酒造りが行なわれていたとされ、
国内の遺跡から酒器が出土することも多い。
日本酒とは伝統的な文化であり、財産なのだ。

天狗舞
天狗舞

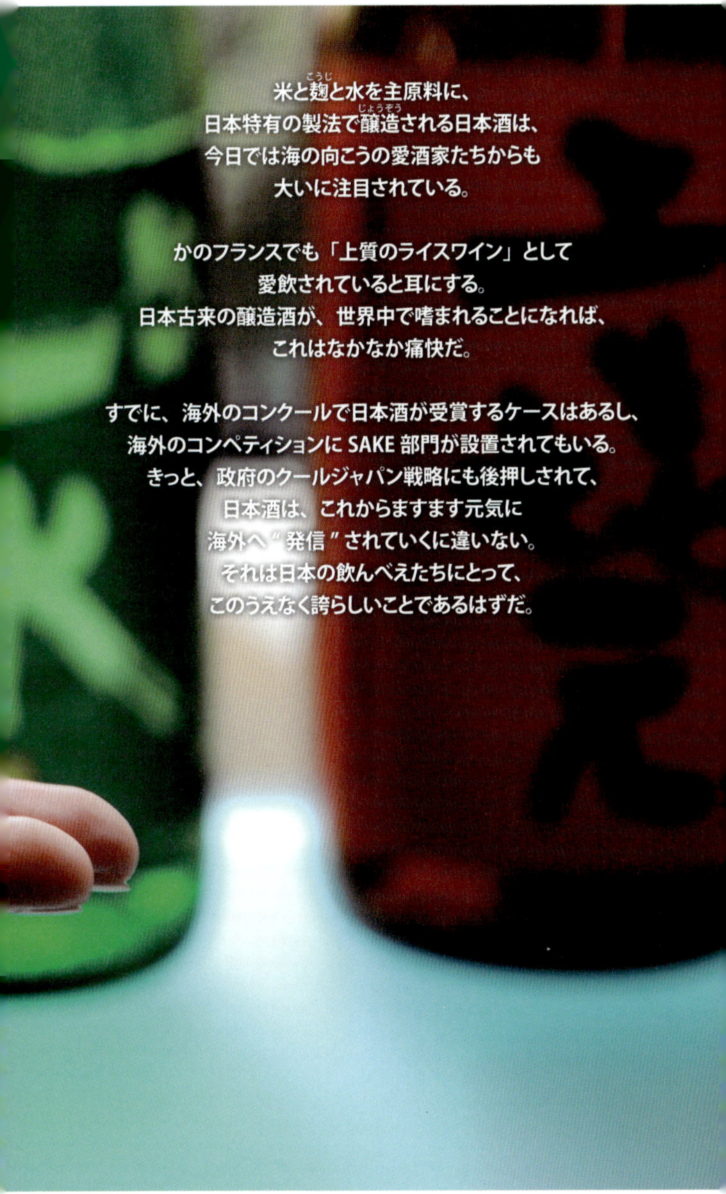

米と麹《こうじ》と水を主原料に、
日本特有の製法で醸造《じょうぞう》される日本酒は、
今日では海の向こうの愛酒家たちからも
大いに注目されている。

かのフランスでも「上質のライスワイン」として
愛飲されていると耳にする。
日本古来の醸造酒が、世界中で嗜まれることになれば、
これはなかなか痛快だ。

すでに、海外のコンクールで日本酒が受賞するケースはあるし、
海外のコンペティションにSAKE部門が設置されてもいる。
きっと、政府のクールジャパン戦略にも後押しされて、
日本酒は、これからますます元気に
海外へ〝発信〟されていくに違いない。
それは日本の飲んべえたちにとって、
このうえなく誇らしいことであるはずだ。

CONTENTS

＊本書でご紹介している商品の「参考価格」は、株式会社はせがわ酒店での取り扱い価格を記載しています。時期や取り扱い事業者により価格は異なります。実際の価格はご購入予定の店舗にお問い合わせください。

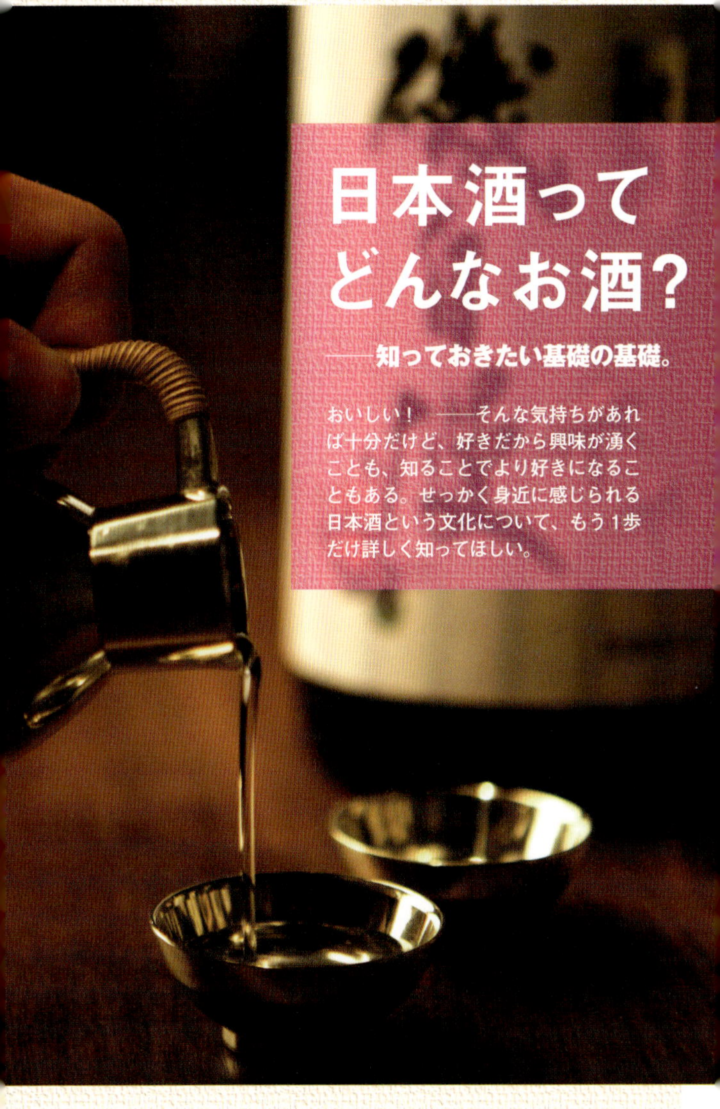

日本酒ってどんなお酒?

——知っておきたい基礎の基礎。

おいしい!　——そんな気持ちがあれば十分だけど、好きだから興味が湧くことも、知ることでより好きになることもある。せっかく身近に感じられる日本酒という文化について、もう1歩だけ詳しく知ってほしい。

日本酒と焼酎の違いってなに？

ビールやワインなど、居酒屋や酒販店には様々なお酒が並んでいる。それらが製法や原料などの違いによって分類されていることは何となくイメージできても、具体的に「日本酒ってどんなお酒？」と聞かれた時、正確に答えられる人は意外と少ないのではないだろうか。

マニアックになり過ぎない範囲で端的に説明するなら、日本酒とは米を原料とする醸造酒のことだ（清酒とも呼ばれる）。

では、醸造酒とはなにかといえば、これは仕込んだ原料を発酵させて醸すお酒の総称である。麦芽をビール酵母で発酵させて作るビールや、ぶどうの果汁を発酵させて作るワインなども、同じく醸造酒の範疇《はんちゅう》に含まれる。

では、焼酎と日本酒の違いはなんだろう。どちらも国産酒として、古くから親しまれてきたお酒である。

簡単にいえば、日本酒が「醸造酒」であるのに対し、焼酎は「蒸留酒」で、発酵によってもろみを作るのは同じだが（p.90～参照）、それを最終的に蒸留して仕上げたものだ。

ちなみに、一般的に日本酒造りは東北など比較的寒い地域で盛んだが、焼酎の産地が九州など南方に多いのは、まだ冷蔵設

備などが発達する以前、気温の高い地域では原料をうまく発酵させることが難しかったためだ。

大吟醸、吟醸、純米……日本酒はどう分類される？

ところで日本酒とひとくちに言っても、さらに細分化されている。銘柄に添えてある「大吟醸《だいぎんじょう》」や「純米酒《じゅんまいしゅ》」といった種別は、日本酒ビギナーを大いに混乱させていることだろう。これらは製造工程で分類されたり、あるいは原材料の違いによって分類されるものだ。

とりあえず、奥深い日本酒の世界へのはじめの一歩としては、大吟醸、吟醸、純米の３種類の違いを覚えておけば十分だろう。

この大吟醸や吟醸といった呼称は、原料である酒米の“精米《せいまい》歩《ぶ》合《あい》”などに基づく分類だ。

精米とは、米の外側を削る作業のこと。そうすることによって、余分なタンパク質など雑味が取り除かれ、すっきりとクリアな酒に仕上がるメリットがある。つまり、多く削るほど手の込んだ造りの酒ということになり、価格的にもランクが上がるわけだ。

具体的には、酒米を50%以上削ったもの、つまり精米歩合

50%以下のものを大吟醸、精米歩合60%以下のものを吟醸と称する。

また、意外と知られていないが、日本酒の多くは製造過程で醸造アルコールを添加して仕上げており、大吟醸酒や吟醸酒も例外ではない。対照的に、酒米と麹と水のみで醸し、自然に造られたアルコールだけで仕上げられたものを「純米酒」と呼ぶ。その文字面からも想像できるように、米本来の味わいや風味が楽しめ、人気がある。

なお精米歩合でいうと、純米酒は精米歩合70%以下と規定されており、これが60%以下になると「特別純米酒」となる。

古くからともにあった日本人と日本酒

日本酒の歴史をひもとくと、はやくも紀元前200～300年頃には、米麹を利用した酒造りの痕跡を見つけることができるという。

神へのお供え物として、あるいは喪にあたってのふるまい酒として、さらには戦のあとの勝利の美酒として、日本酒は日本人の生活の傍らにありつづけた。

今日まで試行錯誤を繰り返しながら洗練されてきた酒造りの工程は、じつは世界に誇るべき高度な技術の集積だ。発酵という化学変化を用いた酒造りは世界中に存在するが、20度前後ものアルコール分を造りだすことに成功しているのは、日本酒くらいのものだ。

また、温めても冷やしてもおいしく飲める酒は世界でも珍しく、これは四季を持つ我が国だからこそ生まれたスタイルと言える。

複雑な区分が敷居の高さに繋がっている感もあるが、少し情報を整理してみれば、こうした文化が身近にあることが誇らしくすら思えてくるはず。

そのうえで、最終的には“おいしい”ことがすべて。自分にとっての最高の1本、最高の飲み方を決めるのは、自分の舌だけであることも忘れないでほしい。

政府のクールジャパン戦略の波にも後押しされ、
日本酒は積極的に海を渡っている。
長い伝統によって培われた技術の結晶は、
果たして、世界でどう評価されるのだろう。
手応えのあるテストの採点を待つような、
そんな高揚感を覚えてしまう。

日本酒がおいしいと思いはじめたら、まず読む本。

PART 1

必ず押さえておきたい、定番銘柄

磯自慢
田酒
南部美人
伯楽星
出羽桜
十四代
雅山流
くどき上手
根知男山
飛露喜
鳳凰美田
八海山
天狗舞
黒龍
開運
初亀
醴泉
醸し人九平次
雨後の月
獺祭
東洋美人
酔鯨
美丈夫
土佐しらぎく
東一

気になる専門用語は
ココでチェック!
→ P144「日本酒用語集」

伝統に学び、過去を顧みながら育んだ最高の到達点

日本酒といえば、皆さんはまずどんな銘柄を思い浮かべるだろう？　それは馴染みの居酒屋でいつも見かける銘柄かもしれないし、故郷に根を張る自慢の名酒かもしれない。

いずれにしても、そんな定番的ポジションに君臨する銘柄は例外なく、長い伝統や人気に胡座《あぐら》をかかず、

惜しみない企業努力を積み重ねてきた経緯がある。

　では、ジャンルを牽引してきた有力蔵の主は、昨今の日本酒ブームをどう感じているのだろうか。

「最近は女性が日本酒を好んで飲むようになっているようで、これは業界にとって非常にいいことですよね。やはり、男性というのは女性につられるものですから(笑)。ただ、全体としては日本酒がブームになっているというより、焼酎のブームが去っただけのようにも感じています。少なくとも日本酒は、流行り廃《すた》りに左右されてきたジャンルではありませんから、ブームという言葉は適切ではないでしょう」

　そう語るのは、磯自慢酒造株式会社の寺岡洋司社長である。同社の「磯自慢」はこれまで、「全国新酒鑑評会」など価値あるコンクールで多数の受賞歴を誇るほか、2010年にはロンドンで開催された「インターナショナル・ワイン・チャレンジ」のSAKE部門において、「純米酒の部」「純米吟醸酒・純米大吟醸酒の部」の２部門でゴールドメダルをさらうなど、いままさに日本を代表する銘柄のひとつだ。

　1830年、天保元年創業。数百年も続く酒蔵が珍しくないこの世界において、「うちはまだまだ歴史の浅い蔵です」と謙遜するが、今日まで“消費者に失礼のない酒造り”を追求してきた自負はある。「磯自慢」が某航空会社のファーストクラスの提供品目に10年連続で名をつらねている実績も、初心を忘れることなく正直な経営を続けてきたからこそと寺岡さんは胸を張る。

　その一方で、業界のご意見番らしく、日本酒に追い風が吹く現状に釘を刺すことも忘れない。寺岡さんいわく、磯自慢酒造が蔵を構える静岡県では、大正時代に150あった酒蔵が、現在27にまで数を減らしているという。

「その原因は、一時期、本当においしい日本酒造りがされていなかったから。実際、僕が子供の頃などは“清酒”と名が付けば何でも売れた時代でした。その時期に業界は努力を怠ったんでしょうね」

　長らく第一線を張ってきたからこそ、過去を顧《かえり》みて、反省と修正を繰り返してきた。今日の地位はそんな努力の賜物だ。

「たしかに現在は日本酒が元気な時代です。しかし1社、2社だけが頑張っていても意味がありません。全国の酒蔵が一体となって盛り上げていかなければ。その点、最近では売れ筋にならうだけでなく、新しい挑戦をして個性を出そうとする酒蔵も増えてきた。これは素晴らしいことだと思います」

　もちろん、自社伝統の酒造りへのこだわりは揺るがない。最高品質の山田錦を、秒単位で管理する限定吸水方式で洗米し、洗浄に洗浄を重ねた酒袋でもろみを搾り、他社に先駆けて導入した低温瓶貯蔵方式で品質を守る。

　伝統があるからこそ、過去に学ぶことも、失敗を繰り返さないこともできる。これこそが、人気銘柄の強さの秘密かもしれない。

磯自慢酒造株式会社
代表取締役社長
寺岡洋司氏

丁寧な造りが目を引く ハイレベルな純米吟醸

静岡

磯自慢《いそじまん》 山田錦 純米吟醸

高品質の山田錦を50～55%精米し、丁寧に仕込んだ純米吟醸。くどさのない爽やかな香りと、芳醇な甘み。そしてキリッと引き締まった後味のバランスの良さで、常時品薄の人気銘柄。

- 磯自慢酒造株式会社
- http://www.isojiman-sake.jp
- 参考価格／1.8ℓ/4,253円

米を生む“田”を名に冠した みちのくの名酒

青森

田酒《でんしゅ》 速醸 特別純米

酒造好適米・華吹雪を55%精米し、辛口ながらコクがあり、飲み飽きしないすっきりした味を醸す。乳酸を添加することで早くもと（酛）を造る速醸法で、安定した品質を実現。

- 株式会社西田酒造店
- http://www.densyu.co.jp
- 参考価格／1.8ℓ/2,651円、720㎖/1,500円

和の食卓に備えたい
南部の名酒

岩手

南部美人《なんぶびじん》 山田錦 純米吟醸

兵庫産の山田錦を使用。米のイメージをそのまま表したラベルのイラストは、その飲み口をデザイナーが直感的に表現したもの。上品な香りで、和食との抜群の相性に定評あり。

- 株式会社南部美人
- http://www.nanbubijin.co.jp
- 参考価格／1.8ℓ/3,150円、720㎖/1,700円

宮城で生まれた
〝究極の食中酒〟

宮城

伯楽星《はくらくせい》
純米吟醸

宮城県産の酒米・蔵の華を使用し、55％まで磨き上げた純米吟醸。“究極の食中酒”であることを意識し、繊細な味でありながら食材の邪魔をせず、それでいて爽やかなキレを持つ。

■ 株式会社新澤醸造店
■ 参考価格／1.8ℓ/2,940円、720㎖/1,575円

吟醸酒の普及に貢献した スタンダードブランド

山形

出羽桜《でわざくら》 桜花 吟醸

1本ずつ丁寧に、「瓶火入れ」というお燗の要領での火入れ作業を行ない、一定の熟成期間を経てまろやかに熟成される。フルーティーな吟醸香と、ふくよかな味わいが特徴。

- 出羽桜酒造株式会社
- http://www.dewazakura.co.jp
- 参考価格／1.8ℓ/2,835円、720㎖/1,386円

言わずと知れた名ブランド

山形

十四代《じゅうよんだい》 本丸 特別本醸造

400年近い歴史を誇る蔵元の大看板。淡麗辛口の日本酒が好まれていた時代に、芳醇な旨みとキレを兼ね備えた飲み口で一石を投じた「十四代」ブランドは、この1本から始まった。

■ 高木酒造株式会社
■ 参考価格／1.8ℓ/2,363円

口のなかを
滑るような舌触り

山形

雅山流《かざんりゅう》 如月
大吟醸

アルコール度数14～15度と、やや低めに設定することで飲み口の軽さを表現。舌の上を滑っていくように広がる華やかな香りが特徴で、猛暑の時期の暑気払いにもおすすめ。

■ 有限会社新藤酒造店
■ http://www.kurouzaemon.com
■ 参考価格／1.8ℓ/3,360円、720㎖/1,680円

2年かけて熟成させた抜群の旨み

山形

くどき上手《くどきじょうず》 ばくれん 吟醸

ブランド名の由来は、戦国時代の武将が人を手なずける様から。蔵内で約2年かけて熟成させた、旨味とキレを兼ね備えた超辛口酒。ほのかに香る果実的な吟醸香にもご注目を。

■ 亀の井酒造株式会社
■ 参考価格／1.8ℓ/2,205円

自社生産米と地元の伏流水で育んだ味わい

新潟

根知男山《ねちおとこやま》 ブルー 吟醸

雨飾山からの伏流水を用いた、新潟らしい淡麗な酒質のなかに、米本来の香りとコクがたっぷりと引き出されている。喉を通過したあとにもなお残るふくよかな香りが印象的。

- 合名会社渡辺酒造店
- http://www.nechiotokoyama.jp
- 参考価格／1.8ℓ/3,080円

品薄状態が続く、
引く手あまたの名酒

福島

飛露喜《ひろき》
特別純米

いまやすっかり著名ブランドに育っているが、1999年リリースの比較的新しい銘柄。フルーティーかつややドライな辛口で、たちまち巷の人気を集めた福島の名酒。

■ 合資会社廣木酒造本店
■ 参考価格／1.8ℓ/2,678円

〝復活米の元祖〟を使った限定版

栃木

鳳凰美田《ほうおうびでん》

亀の尾 緑判

純米吟醸

幻の酒米と言われる「亀の尾」を100%使用し、55%まで精米した限定版。酒米の独特な果実味を醸し、日本酒ならではの満足感を与えてくれること請け合いの1本。

■ 小林酒造株式会社

■ 参考価格／1.8 ℓ /3,675円、720mℓ/1,890円

飲み手を選ばない清涼感

新潟

八海山《はっかいさん》

吟醸

さらりとした飲み味が印象的な、酒米に山田錦と五百万石を用いた吟醸酒。長期低温発酵でじっくり醸し、フルーティーな香りと味わいは万人に好まれるはず。

- 八海醸造株式会社
- http://www.hakkaisan.co.jp
- 参考価格／1.8ℓ/3,469円、720㎖/1,724円

これぞ、山廃仕込み
純米酒の代名詞

石川

天狗舞《てんぐまい》
山廃純米

山吹色に染まった見た目の通り、山廃仕込み特有の濃厚な香りと酸味をたっぷり味わわせてくれる。自然発酵による昔ながらの技法に、天狗舞独自の製法が融合した1本。

- 株式会社車多酒造
- http://www.tengumai.co.jp
- 参考価格／1.8ℓ/2,861円、720mℓ/1,400円

〝一張羅〟を意味する定番吟醸酒

福井

黒龍《こくりゅう》 いっちょらい 吟醸

「いっちょらい」とは福井の方言で「一張羅」のこと、つまり“自分にとって一番いいもの”。その心地良い吟醸香とクセのなさは、多くの人にとっての「いっちょらい」になりそう。

■ 黒龍酒造株式会社
■ http://www.kokuryu.co.jp
■ 参考価格／1.8ℓ/2,447円、720mℓ/1,223円

フレッシュな風味の人気純米酒

静岡

開運《かいうん》 ひやづめ純米

「ひやづめ」とは、火入れ瓶詰め時に急速冷却して詰めること。生酒のような心地よい風味を残した、フレッシュさが特徴。純米酒の醍醐味をたっぷり味わわせてくれる。

- 株式会社土井酒造場
- http://kaiunsake.com
- 参考価格／1.8ℓ/3,150円、720mℓ/1,785円

江戸時代から受け継がれた伝統の味

静岡

初亀《はつかめ》 べっぴん 純米吟醸

1636年創業という老舗の酒蔵が、かつては東海道五十三次の宿場で旅人に提供したとされる伝統的銘柄。おだやかな香りとすっきりした後味で、食中酒として最適。

■ 初亀醸造株式会社
■ 参考価格／1.8ℓ/3,600円

米の美味しさを生かした
軽やかな風味

岐阜

醴泉《れいせん》 山田錦 純米

原料米には全量山田錦を使用し、養老山脈からの伏流水で仕込んだ、淡麗でコクのある１本。贅沢に使った山田錦の旨みを最大限に引き出しながら、繊細で軽やかな仕上げに。

- 玉泉堂酒造株式会社
- http://minogiku.co.jp
- 参考価格／1.8ℓ/2,993円、720mℓ/1,491円

エレガントな果実味が映える

愛知

醸し人九平次《かもしびとくへいじ》

山田錦
純米大吟醸

長野で採水した仕込み水を使い、熟した果実味とエレガントな味わいを両立させている。南国の果実を思わせる吟醸香は、まろやかな甘さと相まって女性にも大好評だ。

- 株式会社萬乗醸造
- http://kuheiji.co.jp
- 参考価格／1.8ℓ/3,704円、720㎖/1,852円

ついつい飲み過ぎてしまう
さらさらの飲み口

広島

雨後の月《うごのつき》
特別純米

瀬戸内海沿岸地域で、花崗岩地帯に浸透する良質の軟水を利用した独特の軟水醸造法により、さらさらとすっきりした味わいを実現。うっかり飲み過ぎてしまう爽やかな酒質。

- 相原酒造株式会社
- http://www.ugonotsuki.com
- 参考価格／1.8ℓ/2,460円、720㎖/1,260円

お値頃&高品質の純米大吟醸酒

山口

獺祭《だっさい》
純米大吟醸 50

酒飲みなら必ず耳にする著名銘柄ながら、手作業により品質を守り続ける。梨やバナナを想像させる果実的な香りと甘みのバランスの良さに、「コストパフォーマンス抜群！」の声多し。

- 旭酒造株式会社
- http://www.asahishuzo.ne.jp
- 参考価格／1.8ℓ/2,992円、720㎖/1,496円

白ぶどうの如き果実味を備えた辛口酒

山口

東洋美人《とうようびじん》
大辛口
純米吟醸

熟成具合に応じて火入れのタイミングを調整し、品質を維持。含んだ瞬間、白ぶどうのような綺麗な香りが広がり、のちにキリリとした辛さが訪れる、日本酒の醍醐味にあふれた１本。

- 株式会社澄川酒造場
- http://toyobijin.com
- 参考価格／1.8ℓ/3,045円、720㎖/1,523円

土佐の皿鉢料理に合わせた食中酒

高知

酔鯨《すいげい》 中取り純米

冬場でも気温の高い土佐の風土で生まれた、酒米を55%まで磨き上げて吟醸酒と同じ製法で造られた純米酒。中取り部分のみを瓶詰めし、独特の酸味が食欲を増進させる。

- 酔鯨酒造株式会社
- http://www.suigei.jp
- 参考価格／1.8ℓ/2,678円、720mℓ/1,300円

上品な香りと味わいを食卓に…

高知

美丈夫《びじょうふ》
山田錦 45
純米大吟醸

高知県でいち早く純米酒造りに取り組み、酒質向上に努めてきた酒蔵が、山田錦で醸した1本。上品な香りと味わいがボリューム感たっぷりに味覚に迫る、飽きのこない純米大吟醸。

- 有限会社濱川商店
- http://www.bijofu.jp
- 参考価格／1.8ℓ/4,379円、720㎖/2,184円

土佐酒らしい爽快な飲み口

高知

土佐しらぎく《とさしらぎく》
山田錦
純米吟醸

兵庫県産の山田錦を50％まで磨き上げた純米吟醸酒。甘みと酸味、そしてふくよかな米の旨みがキレよくまとめられ、海の幸も山の幸も豊富な土佐料理にぴったりはまる。

■ 有限会社仙頭酒造場
■ 参考価格／1.8ℓ/3,360円、720mℓ/1,680円

全国に多くのファンを持つ佐賀発の名酒

佐賀

東一《あづまいち》 山田錦 純米吟醸

高品質の山田錦を49%まで磨き上げて醸した純米吟醸。おちついた米の旨みがまろやかな口当たりと理想的に調和し、料理を選ばない。長めに残る余韻も一緒に堪能したい。

- 五町田酒造株式会社
- http://www.azumaichi.com
- 参考価格／1.8ℓ/3,780円、720mℓ/1,890円

PICK UP! 1

秋田から飛び出した にごり酒の異色作!?

秋田

しらたき さまー ど／しらたき どくろ

(左)白瀑 Summerど
(右)白瀑 ど黒

にごり酒

秋田では珍しい、普通酒を仕込まない酒蔵・白瀑（山本合名会社）が仕込んだ、変わり酒「ど」シリーズ。ここでは、とりわけインパクトの強い2本をご紹介。

「Summer ど」はブルーのボトルに入った白いにごり酒で、瓶内でシュワシュワと二次発酵を続ける、爽やかな生命力に満ちたお酒（そのため、開栓時はご注意）。

「ど黒」はその名の通り真っ黒なにごり酒で、これは食用竹炭パウダーによるもの（酒別はリキュール）。竹炭には体内の余分なカロリーを吸着する効果があるとされ、見かけによらない健康的な１本だ。

- 山本合名会社
- http://www.shirataki.net
- 参考価格／1.8ℓ/2,400円、720mℓ/1,200円（Summerど）
  1.8ℓ/2,800円、720mℓ/1,400円（ど黒）

清酒
Summer

PICK UP!
2

ロックで飲んでも美味い夏季限定酒！

秋田

まんさくの花《まんさくのはな》 かち割り原酒 吟醸

秋田の名酒「まんさくの花」から、夏季限定800本のみ醸された、夏の気配をたっぷり漂わせた1本。“かち割り氷で美味しい”の惹句の通り、氷を入れてロックスタイルで飲むのに適した通称「かち割りまんさく」。

原酒なので、氷を少しずつ溶かしながら味わうことで、次第にまろやかになっていく。クールビズを喉越しで体感できる変わり種だ。

- 日の丸醸造株式会社
- http://hinomaru-sake.com
- 参考価格／1.8ℓ/2,200円、720㎖/1,100円

まんさくの花
吟醸原酒
日本酒
吟醸

閑話休題 1

日本酒が健康にいいと言われる理由。

「百薬の長」は本当？

最近になって若い男女が好んで日本酒を飲むようになってきた背景には、味の向上もさることながら、「お酒は健康にいいから」という理由をよく耳にします。

実際、お酒は昔から「百薬の長」と言われてきたように、体にいい働きがあるものであるというのは、一般的な共通認識でしょう。

医学関連書をひもといてみても、アルコールには血管内の血栓を予防する作用があるとされ、飲酒の習慣がある人のほうが脳梗塞にかかりにくいというデータがあるようです。もっと身近なところでは、お酒を飲んで血行が良くなったり、ストレス発散に一役買ってくれたりすることを、体験的に知っている人も多いのではないでしょうか。

それらはアルコールそのものの効果ですが、日本酒が健康にいいとされるのにはもうひとつ、「麹」の働きが無視できません。

麹とは、日本の気候風土のなかで自然に発生した微生物で、酒造りに欠かせない大切なもの。日本人は古くからこれを、味噌や醤油などの発酵製造に活用してきました。

麹は古き良き日本のサプリメント

麹には、でんぷん質を糖分に分解するアミラーゼ、タンパク質をアミノ酸に分解するプロテアーゼ、そして脂肪を分解するリパーゼという“3大酵素”がたっぷり含まれています。これらは人が健康を維持するうえで欠かせない要素で、摂取した栄養を理想的に分解、運搬、合成し、さらに理想的な排泄を促すデトックス効果を秘めています。

酵素が不足すると、栄養をエネルギーに代える代謝機能が滞り、高血圧や肥満、糖尿病といった生活習慣病を発症するリスクにつながります。

人はもともと、体内で酵素を製造する機能を備えて

閑話休題 1

いますが、食生活の乱れや加齢などにより、その生産機能は低下してしまいます。麹はそれを補うものでもあり、いわば今日でいうところのサプリメントとして、古くから人々の健康を支えてきたのです。

旨みの元としても機能する麹

近年の塩麹ブームによって、麹は栄養面だけでなく、料理をおいしく仕上げる自然の調味料としての側面もクローズアップされるようになりました。

実際、日本人は古くから、麹から作ったぬか床に野菜を漬け込み、食材の甘みや旨みを引き出して食す習慣を持っています。添加物を使わずに食材をおいしく調理できるわけですから、食の安全性が問題視される昨今、麹の力への期待はこれからますます高まっていくかもしれません。

風邪をひいた時などに飲用される甘酒も、米と麹から作られた天然の健康飲料です。あの甘みは添加されたものではなく、麹の力によって引き出された天然の甘み。俳句の世界で甘酒は夏の季語とされているように、かつては夏バテ対策のための滋養強壮剤としても愛飲されていたそうです。

百薬の長、というのはオーバーでも、少なくとも適量さえ守ればお酒は健康にプラスの効果をもたらす要因を、ちゃんとしたためているのです。くれぐれも、飲み過ぎにご注意を。

日本酒がおいしいと思いはじめたら、まず読む本。

PART 2

酒のプロが好んで選ぶ、こだわりの美酒

松の司
阿櫻
日高見
勝山
墨廼江
上喜元
山形正宗
米鶴
山男山
楯野川
あぶくま
松の寿
来福
喜正
明鏡止水
御湖鶴
早瀬浦
正雪
義侠
作
富久長
安芸虎
文佳人
駿
六十餘洲

気になる専門用語は
ココでチェック!
→ P144「日本酒用語集」

奥深き日本酒の道を教える“ツウ好み”の逸品

日本酒をメインに扱う居酒屋や日本酒BARが、街中に増えてきた。こうしたお店で日本酒を楽しむ一番のメリットといえば、未知の銘柄との出会いが期待できることではないだろうか。

なにしろ日本酒には膨大な数の銘柄が存在するから、普通の飲み方をしているかぎりは、そう多くの銘柄を

把握できるものではない。酒量のキャパは人それぞれだが、それでもできるだけ効率的に、いいお酒を探り当てたいのが愛飲家の本音であるはず。

そこで、プロ（つまり居酒屋経営者など）が好んで注文する銘柄を卸元に尋ねたところ、名前が挙がったのが「松の司」であった。

「それはとてもありがたい評価です。私たちの方針をご理解いただける方にこそ、ぜひ飲んでほしい。そんな想いで酒造りに取り組んでいます」

そう語るのは、「松の司」を世に送り出す松瀬酒造株式会社の代表取締役・松瀬忠幸さんだ。

言外には、決して大勢の消費者に媚びた酒造りはしていないという、ある種の誇りを感じさせもする。地元で原料米から育てあげて醸造し、粛々と毎年毎年のビンテージを造っていく。

「長年のお客さんから『今年の“松の司”はとても良かったよ』とか、『昨年のものより熟成してるね』といった声をいただけるのが一番の喜びです。その年ごとの出来に加え、保存状態でもまた味が変わるお酒ですから、愛飲家の皆さんにはぜひ、ご自身の『松の司』を持ち寄る会など催していただいたら、楽しいと思いますよ（笑）」

わかりやすく華やかな香りが漂うわけではないが、とことん酒質にこだわってきたいぶし銀。「松の司」は平たく言えば“ツウ好み”の銘柄で、日本酒の分野に一歩踏み込んだ人にこそ満足してもらえるお酒でありたい、そんな理念のもとに提供されている。

めぼしい銘柄で最初の１～２合を終えたあと、お店の大将に「何かほかにお薦めはありますか？」と聞いた時にスッと出てくる。松瀬さんが目指すのは、そんなポジションだ。

「うちのお酒の場合、飲み方もちょっと面倒臭いんですよ。冷えたものをそのまま飲むよりも、むしろ少しぬるくなってから本領を発揮する。1杯目よりも2杯目がおいしいお酒です」

そんな「松の司」の特質は、やや硬めの中軟水で仕込んでいることに原因があるのだと松瀬さんは分析する（一般的には軟水で仕込むことが多い）。

できあがった直後はまだ硬さが目立つため、その年の初物が集まるコンテストでは、評価されにくいのが玉に瑕《きず》、とも。

松瀬酒造が蔵を置く滋賀県は、中央に琵琶湖を見据え、まわりを山々が囲むすり鉢状の地形で知られる。至るところで天然水が湧き出る恵まれた土地柄で、「ワインなどに負けない、日本酒ならではの楽しさを伝えていければ」と、今日も酒造りに邁進する松瀬さん。その言葉の端々から、日本酒とは掘り下げれば掘り下げるほど面白いものであることが伝わってくるのだ。

松瀬酒造株式会社
代表取締役
松瀬忠幸氏

蔵元にも好まれる ツウ好み名酒の白眉

滋賀

松の司《まつのつかさ》
竜王産山田錦 純米吟醸

原料米には地元・竜王町の契約農家で栽培した山田錦を使用。爽やかで深い香りと、果実味のある濃厚な味わい。蔵元のなかにもファンが多い、玄人ウケでは随一の定番純米吟醸。

- 松瀬酒造株式会社
- http://matsunotsukasa.com
- 参考価格／1.8ℓ/4,095円、720㎖/2,047円

旨みと辛みが
理想的に調和する

秋田

阿櫻《あざくら》 超旨辛口 特別純米

県産の酒造好適米・秋田酒こまちを60％精米して醸した無濾過原酒。米の旨みが楽しめる辛口酒でありながら、すっきりと爽やかな喉越しは、どこかラムネを思わせる一面も。

■ 阿桜酒造株式会社
■ http://www.azakura.co.jp
■ 参考価格／1.8ℓ/2,500円、720mℓ/1,250円

辛口といえばこの1本

宮城

日高見《ひたかみ》 超辛口純米

ひとめぼれを60%精米し、宮城酵母で醸した超辛口酒。しっかりとしたコクと旨みを備え、お燗にしても風味豊かに美味しくいただける。米の味を堪能したいならうってつけ。

- 株式会社平孝酒造
- 参考価格／1.8ℓ/2,625円、720mℓ/1,260円

徹底した品質管理で
さらりと飲める旨口に

宮城

勝山《かつやま》 縁
特別純米

米の旨みを存分に発揮した、“お客さんとの素敵な縁があるように”と願って醸造された純米酒。鮮度を保つ早瓶火入れ、酒質を維持する「－5度氷温貯蔵」など、品質管理を徹底した。

- 仙台伊澤家勝山酒造株式会社
- http://www.katsu-yama.com
- 参考価格／1.8ℓ/2,940円、720mℓ/1,575円

〝水の神様〟に由来する石巻の名酒

宮城

墨廼江《すみのえ》
青ラベル
特別純米

命名の由来は、宮城県・石巻で水の神様を祀っていた墨廼江神社から。酒米・五百万石ならではのふくらみのあるすっきりとした味わいは、辛みのバランスも手頃で飲みやすい。

■ 墨廼江酒造株式会社
■ 参考価格／1.8 ℓ /2,446円、720㎖/1,260円

酒米をかたどった
ラベルが目印

山形

上㐂元《じょうきげん》
雄山錦 米ラベル
純米吟醸

富山県南砺産の雄山錦を55%まで磨き上げた純米吟醸。ふくらみのある米の甘みが口のなかに広がり、バランスの取れたコクと酸味が酒米の旨みを存分に堪能させてくれる。

■ 酒田酒造株式会社
■ 参考価格／1.8ℓ/2,856円、720㎖/1,428円

酒米・雄町の旨みと抜群のキレ

山形

山形正宗《やまがたまさむね》 雄町 純米吟醸

岡山県産の備前雄町を50%まで磨きあげ、協会1401号酵母（金沢酵母）で醸した1本。独特のキレが印象的で、果実的な瑞瑞しさと後味の良さでほどよい辛口に仕上げられている。

- 株式会社水戸部酒造
- http://www.mitobesake.com
- 参考価格／1.8ℓ/3,150円、720㎖/1,575円

辛口好みのファンにおすすめ

山形

米鶴《よねつる》

かっぱ 超辛口 特別純米

完全熟成もろみによる旨みとキレが理想的に調和した特別純米酒。コストパフォーマンスも高く、「酒は辛口にかぎる」という向きにもってこいの1本。食中酒としても料理を選ばない。

- 米鶴酒造株式会社
- http://yonetsuru.com
- 参考価格／1.8ℓ/2,000円、720mℓ/1,000円

山廃仕込みの深い味わい

山形

山男山《やまおとこやま》
純米

酒米には71％まで磨き上げた出羽の里を用い、山廃造りで丁寧に醸した純米酒。本来は軽い味わいが特徴の酒米だが、山廃で仕込むことによって味に深みを実現している。

- 男山酒造株式会社
- http://www.otokoyama.co.jp
- 参考価格／1.8ℓ/2,467円、720mℓ/1,235円

やさしい後味の大吟醸

山形

楯野川《たてのかわ》 清流
純米大吟醸

山形県のオリジナル酒造好適米・出羽燦々を、50%まで磨いて造った純米大吟醸。アルコール度数は14%台とやや抑えめで、そのぶん軽やかな口当たりと爽やかな果実味が味わえる。

- 楯の川酒造株式会社
- http://www.tatenokawa.jp
- 参考価格／1.8ℓ/2,625円、720mℓ/1,312円

香り立つ上質な吟醸香に
早くも酔いしれる…

福島

あぶくま《あぶくま》 山田錦 純米吟醸

開栓した瞬間からほのかに香り立つ、ジューシーな吟醸香。常温でも美味しく飲める酒質のバランスのいい1本。適度な甘さと山田錦独特のコクが絶妙に絡み合っている。

■ 有限会社玄葉本店
■ 参考価格／1.8ℓ/3,150円、720mℓ/1,575円

無濾過の生原酒ならではの骨太な飲み口

栃木

松の寿《まつのことぶき》
雄町
純米吟醸

山田錦を50%精米して造られた純米吟醸酒。ふくらみを感じさせる華やかな香りと、厚みのある味わいがマッチし、最高の飲みごたえに。山田錦とはまた違う、雄町美味にふれられる。

- 株式会社松井酒造店
- http://www.matsunokotobuki.jp
- 参考価格／1.8ℓ/3,150円、720㎖/1,575円

フルーティかつ濃厚な美味

茨城

来福《らいふく》 愛山 純米吟醸

とろりと濃厚な甘さとコクを備えた純米吟醸。後味に残る独特の甘美な余韻は、酒米・愛山ならではのもの。袋搾りの生原酒として、コストパフォーマンスの高さにもご注目。

- 来福酒造株式会社
- http://www.raifuku.co.jp
- 参考価格／1.8ℓ/3,090円、720mℓ/1,522円

東京の奥座敷で育まれた繊細な味わい

東京

喜正《きしょう》
大吟醸

東京は秋川渓谷近隣で、南部杜氏が高精白の山田錦を原料に造りあげた１本。上品な香りは繊細かつ芳醇。口のなかに広がる含み香と旨みで、地元奥多摩で大人気となっている。

- 野崎酒造株式会社
- http://www.kisho-sake.jp
- 参考価格／1.8ℓ/5,607円、720mℓ/3,056円

蔵人の思い入れが たっぷり詰まった美酒

長野

明鏡止水《めいきょうしすい》 m'12 純米大吟醸

口に含んだ瞬間から、静かにふくらんでいく独特の酸味が、軽妙でキレのある味を演出。「m' 12」のmは明鏡止水のブランド名、および蔵元、杜氏のイニシャルから。

- 大澤酒造株式会社
- 参考価格／1.8ℓ/3,500円、720mℓ/1,575円

移ろいゆく味わいの変化を楽しむ

長野

御湖鶴《みこつる》 金紋錦 純米

酒米の金紋錦は、山田錦とたかね錦から親米とする長野県木島平村産。冷蔵庫から出して開栓し、空気に触れるうちに、硬めの味わいが柔らかく変化していく。個性的な風味が特徴。

- 菱友醸造株式会社
- http://www.mikotsuru.com
- 参考価格／1.8ℓ/2,780円、720mℓ/1,390円

冷やとぬる燗でがらりと変わる

福井

早瀬浦《はやせうら》

純米

冷やでは酸味のあるすっきりとした味わいで、飲み手を選ばない軽やかな口当たり。ぬる燗なら、軽快さはそのままに、米のふくらみを感じさせてくれる。2つの味をお試しあれ。

■ 三宅彦右衛門酒造有限会社
■ 参考価格／1.8ℓ/2,625円

大吟醸の醍醐味が詰まった１本

静岡

正雪《しょうせつ》　無量寿 大吟醸

山田錦を麹米で65%、掛米で50%磨いた大吟醸。名うての杜氏が選りすぐりの酵母でじっくり発酵させ、瓶燗火入れと急速冷却で大吟醸ならではの味と香りをキープした。

■ 株式会社神沢川酒造場
■ 参考価格／1.8ℓ/2,970円、720mℓ/1,336円

独特のインパクトを持つ純米原酒

愛知

義侠《ぎきょう》
純米

全量、山田錦を使い、60%精米で1500kg タンク1本分のみ仕込んだ純米原酒。減農薬の有機肥料で特別栽培した酒米で、通常の山田錦より芳醇で深みのある味に仕上がっている。

■ 山忠本家酒造株式会社
■ 参考価格／1.8ℓ/3,150円、720mℓ/1,575円

果実味と透明感を併せ持つ極上品

三重

作《ざく》
雅乃智 中取り
純米大吟醸

搾りの工程で一番状態の良い部分だけを"中取り"し、滑らかな甘さと心地よい酸味が満喫できる純米大吟醸。果実的な香りと透明感のある口当たりがたまらない上質の１本。

■ 清水清三郎商店株式会社
■ http://zaku.co.jp
■ 参考価格／1.8ℓ/4,095円、720㎖/2,047円

でしゃばり過ぎない繊細な味

広島

富久長《ふくちょう》 八反草 純米吟醸

でしゃばり過ぎず、きめ細かな味わいを感じさせる1本であることにこだわり、米の旨みとふくよかさを余韻に残す爽やかな味に仕上げられている。

- 株式会社今田酒造本店
- http://fukucho.info
- 参考価格／1.8ℓ/3,045円、720㎖/1,575円

小仕込みで丁寧に造りあげられた品質

高知

安芸虎《あきとら》 吟の夢 純米吟醸

高知県の小さな酒蔵が、高知県産酒米・吟の夢で醸した純米吟醸酒。果実を思わせるおだやかな吟醸香と、滑らかな口当たりが特徴。仕込みを1000kgに限り、じっくり発酵させる。

- 有限会社有光酒造場
- http://ww8.tiki.ne.jp/~akano
- 参考価格／1.8ℓ/2,600円、720㎖/1,300円

キレのいいポテンシャルが潜む名酒

高知

文佳人《ぶんかじん》
純米

岡山県産の酒米・アケボノを55%精米して醸した純米酒。常温で飲むと、柔らかくふくらみがある味わいが目を引くが、冷やで飲むと柔らかさの奥に上質のキレが生まれる。

■ 株式会社アリサワ
■ 参考価格／1.8ℓ/2,520円、720㎖/1,260円

ソフトな喉越しで女性に大人気

福岡

駿《しゅん》 跳馬 吟醸

糸島産山田錦を丁寧に精米し、ソフトな喉越しの女性的な吟醸酒を造りあげた。少し遅れて口のなかに広がる甘みも印象的で、独特の酸味が後味を締めくくる。飽きのこない1本。

- 株式会社いそのさわ
- http://www.isonosawa.jp
- 参考価格／1.8ℓ/2,762円、720㎖/1,380円

感性を刺激する奥の深い味

長崎

六十餘洲《ろくじゅうよしゅう》
純米

第一印象は、力強さを感じさせる弾力感。口のなかで転がすうちに甘みと旨みが広がっていく、米の旨みを最大限に引き出した1本。鼻抜けのいい独特の香りも一緒に楽しみたい。

- 今里酒造株式会社
- http://www.64sake.com
- 参考価格／1.8ℓ/2,384円、720㎖/1,281円

PICK UP!
3

現代に蘇った 江戸時代の名酒

京都

玉川《たまがわ》 Time Machine1712 純米

外国人杜氏が1712年に書かれた文献を参考に、当時の製法で醸された純米酒。超甘口ながら酸味が強く、絶妙なキレを感じさせる。

水で割って飲む当時の風習に合わせた造りだが、冷やでもぬる燗でもロックでも、好みに合わせて楽しめるのも特徴。あるいは、食前酒やデザートワインの代わりにするのも面白い。300年の時を経て蘇った味わいを、洋風オリエンタルなラベルと一緒に楽しんでほしい。

- 木下酒造有限会社
- http://www.sake-tamagawa.com
- 参考価格／360mℓ/1,000円

Time Machine
1712

PICK UP!
4

日本酒で仕込んだ日本酒

滋賀

笑四季《えみしき》 モンスーン 玉栄
貴醸酒

貴醸酒とは、仕込水の一部に酒を加えて仕込んだ酒のこと。つまり“日本酒で仕込んだ日本酒”であるこの「モンスーン」は、もろみの初期段階から高アルコール濃度で発酵したことで、多量の糖と酸を残したまま仕上がった芳醇な味わいが特徴。

原料米は滋賀県産の玉栄。ボルドータイプのボトルと相まって、不思議で新鮮な飲み口の日本酒を堪能させてくれる。

- 笑四季酒造株式会社
- http://www.emishiki.com
- 参考価格／720mℓ/1,680円

TAMASAKAE
笑四季モンスーン
玉栄
MONSOON
by EMISHIKI technologies,SHIGA

閑話休題 2

ラベルの背景に物語あり。

ラベルに残る、昭和の大作家の痕跡

ワインラベルのスタイリッシュなデザインもいいけれど、一升瓶に踊る力強い筆文字だって、いかにも日本的な美しさを感じさせてくれるもの。ラベルのデザインは時に、肴としてもなかなかオツなものです。

もっとも、本書のなかでもいくつかご紹介している通り、最近では欧文をあしらったものや（p.84 ～参照）、人気コミックをパロディしたものなど（p.128 ～参照）、趣向を凝らしたラベルも増えてきました。日本酒らしい侘《わ》び寂《さ》びはなくても、これはこれで目に楽しく、飲んで美味しく、貴重なひとときのお供となるに違いありません。

さて、長野県諏訪市に蔵を構える舞姫酒造で、ちょっと気になるラベルを見つけました。

舞姫酒造はもともと、享保2年（1717年）に創業した味噌・醤油の醸造会社から、明治時代に分家して生まれた酒蔵。諏訪湖のほとり、温泉街にほど近い立地で日本酒好きの観光客を楽しませており、看板商品のひとつに『舞姫』があります。

そのラベルに描かれた「舞姫」の文字は、筆文字風でありながらも細字で、大きなインパクトを与えるというよりは、意味ありげなかすれ文字。――じつはこれ、『舞姫』を著した歴史的文豪、川端康成の筆によるものなのです。

文学と純米吟醸の奇遇な出会い

川端康成といえば、『舞姫』のほかにも『伊豆の踊子』や『雪国』、『古都』など、数々の文学作品を残し、日本人として初めてノーベル文学賞を受賞した昭和の大作家。

そんな川端が朝日新聞紙上で小説『舞姫』の連載をスタートしたのは、昭和25年のことでした。当時の三代目蔵主が、自社の銘柄と作品名が同じであることに注目し、『舞姫』を贈呈したところ、ある日、蔵に自筆の礼状が届いたのです。

書状のなかに見つけた優雅で気品あふれる「舞姫」の２文字を、蔵主が「ぜひラベルに使わせてほしい」とリクエストしたところ、時の大作家はこれを快く了承。かくして、川端自筆のラベルによる純米吟醸『舞姫』は誕生しました。

ラベルはお酒の顔。気に入った銘柄と出会えたなら、酒蔵を訪ねてみるのも一興でしょう。お酒をいっそう美味しく堪能させてくれる、思わぬエピソードに出会えるかもしれません。

日本酒ができるまで。

知っておきたい、日本古来の酒造りの文化。麹を使った日本酒の醸造工程は、じつは高い技術と経験に裏打ちされた匠の技だ。細部においては酒蔵により様々なテクニックが駆使されているが、ここでは一般的な日本酒製造の過程を追ってみよう。

写真協力／鶴乃江酒造株式会社（福島県会津若松市）

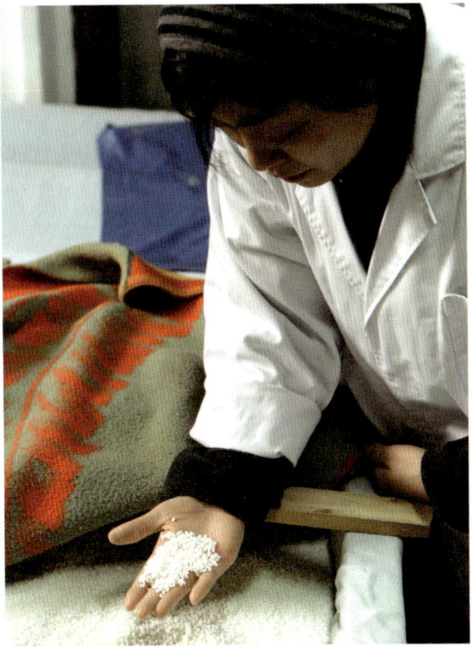

よく知られているように、日本酒の原料は米だ。ただし、ふだん我々が食しているものとは品種の違う“酒米”を利用する。まず麹菌の働きを利用して米のデンプンから糖を造りだし、その糖を酵母に食べさせることでアルコール発酵を起こすのが、おおまかな日本酒造りのプロセスだ。順番に見ていこう。

(1) 精米

原料となる酒米を磨いて、余分なタンパク質や資質、ミネラルなどを取り除く作業を行なう。精米の割合は商品により様々。精米することによって米の雑味がカットされ、クリアな味わいを発揮するのだ。

(2) 洗米

精米した米を洗浄し、ヌカを落とす。その後、水に浸して水分を吸収させる「浸漬」作業へ。これは吸水時間を秒単位で管理する、非常に繊細な工程でもある。

(3) 蒸米《じょうまい》

十分に水を吸った米を蒸す。これもやはり絶妙な加減が要求され、職人技の見せ所。なお、蒸し米は麹を造るための「麹米」、酒母のもととなる「酛米《もとまい》」、もろみ仕込み用の「掛米《かけまい》」の３つに分けられる。蒸し米はそれぞれの適温に合わせて放冷される。

搾りだされた酒の品質をチェック。いわゆる「あらばしり」だ

(4) 製麹《せいきく》

蒸した「麹米」に種麹《たねこうじ》をふりかけて麹を作る。適切な温度管理のもと、およそ２日間かけて蒸し米を麹に変える。麹は米から糖を作りだし、それが日本酒の甘みのもととなる。ここでの麹の出来が、そのままお酒のクォリティを左右すると言っても過言ではない。

(5) 酒母、もろみ造り

「酛米」と水と麹、酵母、乳酸を混ぜ合わせ、酒母を造る。酒母のなかの酵母が十分に増えたところで、麹や蒸し米、水を加えてもろみを造る。この際、“麹・蒸し米・水”を３回に分けて入れることを「三段仕込み」と呼ぶ。

(6) 上槽《じょうそう》

できあがったもろみを搾る。ここ搾り出されたものがお酒であり、搾り粕がいわゆる「酒粕」だ。絞りの手法にも様々ある。たとえば、布製の酒袋にもろみを詰めて、槽《ふね》と呼ばれる容器のなかに何層にも敷き詰め、その圧力で酒を搾るのが「槽しぼり」。もろみの入った酒袋を吊るして、滴る酒を採取する手法を「袋吊り」と呼ぶ。

(7) 濾過《ろか》

まだまだ滓が残った状態のお酒は、しばらく置いて澱《おり》を沈殿させたあと、濾過する。

(8) 火入れ

このあとの工程もまた、商品によって細部は異なるが、濾過して透明になったお酒は、殺菌のために一度加熱処理を行なう。これにより、酒質を安定させる目的もある。

(9) 貯蔵

火入れの済んだものを、一定期間貯蔵し、熟成させる。

精米の際は、使う水の温度も厳密に管理しながら行なっている

この時点でのアルコール度数は17～18度前後。ここに仕込み水を加え、味を整えていく。なお、そうした割り水をしないものを「原酒」と呼ぶ。

（10）2度目の火入れ

お酒を瓶詰めする前に、もう一度加熱処理を行なう。なお､1度も火入れを行なわないものを「生酒」と呼び、ここで2度目の火入れを行なわずに瓶詰め、出荷されるものを「生詰」と呼ぶ。

（11）瓶詰め、出荷

ボトル詰めし、ラベルを貼って出荷。全国の愛酒家のもとへ。

おおまかに流れを追ってみたが、他の酒類のお酒と比べ、日本酒の製造過程には独特の技が多数詰め込まれている。麹を使った酒造りは本来非常に難易度が高く、その技術力と昔ながらの知恵は、海外からも大いに注目されている。

鶴乃江酒造の2大看板商品は「会津中将」と「ゆり」

全国の酒蔵が、自慢の日本酒を手に参戦する
「SAKE COMPETITION」。
年に一度催される、市販の日本酒において
最大級のコンテストであるこのイベントでは、
銘柄を隠して厳密な審査が行なわれる。
その年の王者に、ぜひご注目いただきたい。

日本酒がおいしいと思いはじめたら、まず読む本。

PART 3

若き力と発想から生まれ出づる新潮流

寫樂
鳩正宗
陸奥八仙
新政
一白水成
春霞
日輪田
惣邑
金紋会津
大那
大観
浅間山
本金
黒部峡
寒紅梅
七本鎗
紀土
澤屋まつもと
播州一献
出雲富士
宝剣
賀茂金秀
川亀
田中六五
古伊万里

気になる専門用語は
ココでチェック!
→ P144「日本酒用語集」

先達が築き上げた土壌で意欲とパワーが結実する

酒造りは日本古来の伝統文化であるが、何事も時代に合わせて新たな潮流が生まれるのは自然なこと。とりわけ昨今の日本酒ブームの原動力として、若い蔵元の意欲的な活動が無視できない。酒造りの現場はいま、世代交代の時期に差し掛かっている。

福島県は会津に蔵を置く宮泉銘醸株式会社の代表取

締役、宮森義弘さんは1976年生まれの気鋭。家業を継ぐまでのプロセスは、いかにも現代人のそれだ。

「東京で大学を卒業したあとはシステムエンジニアとして働いていましたが、10年前に故郷・福島へ帰ってきました。その後は福島県清酒アカデミー職業能力開発校というところで3年間勉強し、自分の酒造りを始めたのは7年前からになります」

元SEとは業界でも変わり種だが、もともと学生時代から酒造りを手伝う機会は多く、遅かれ早かれ家業を継ぐ腹づもりでいたという宮森さん。東京で一度職に就いたのは、「外の釜の飯を食べて来い」という先代の助言によるそうだ。

宮泉銘醸は、会津の老舗・花春酒造から1954年に分家した酒蔵で、宮森さんは4代目にあたる。

「もともと自分自身、お酒を飲むのが大好きでしたし、自分が好きな味や目標とする味を追求できるのは、この仕事の大きな醍醐味。まして、それが消費者の皆さんの口に入り、美味しければちゃんと評価してもらえるのですから、凄い職業だなと思います」

ところで本旨とは少しずれるが、東北では先の震災で深刻なダメージを被った酒蔵も多い。会津の蔵はいま、どのような状況に置かれているのだろう？

「うちも蔵が1棟つぶれましたし、他社でも壁や屋根が落ちるような被害を複数耳にしています。それでも、福島県内では会津はまだ被害の少ない地域ですから、私たちはどちらかというと支援する側にまわっています。今回の震災では、全国の同業者からのサポートも厚く、酒蔵同士の助け合いの結びつきの強さをあらためて実感しました」

交通網が遮断されるなかでも、県産の日本酒の流通を止めないよう、手立てを講じて商品の入荷に来てくれた事業者。交通復旧後、復興のために東北産の日本酒を積極的に販売しようと取り組む事業者。さまざまな支援を得て、東北の酒蔵はいま元気に酒造りを続けている。

そして現在、若い世代が積極的に日本酒をたしなむようになったことを、「いい機会」と宮森さんは受け止めている。

「新しいお客さんを裏切らないお酒を造り、定着させることが自分たちの代の責務だと思っています。私たちがこうして酒造りに取り組めるのも、先輩方が若い人でも頑張れる土壌を築いてくれたからこそ。その想いを受けて、より日本酒をメジャーにし、多くの人に飲まれるものにしていければ」

個性的なお酒が次々に登場する昨今だが、宮森さんが目指すのは、「100人中、100人に美味しいと思ってもらえるようなお酒」。それは個性を捨てるという意味でなく、問答無用で万人受けする酒質へのこだわりだ。

「従来のお客さんには“やっぱりおいしいな”と思わせ、新たな世代のお客さんには“日本酒っておいしいんだな”という気付きを与えられるような、ストライクゾーンの広いお酒でありたいですね」

宮泉銘醸株式会社
代表取締役社長
宮森義弘氏

〝純愛〟仕込のフレッシュな旨みにファン激増中!!

福島

寫樂《しゃらく》
純米

清涼感にあふれ、鼻抜けの良いキレイな果実味は万人に好まれるはず。裏ラベルに謳われる「純愛仕込み」とは、「米、酒、人を愛し、また誰からも愛される酒を目指す」の意。

- 宮泉銘醸株式会社
- http://www.miyaizumi.co.jp
- 参考価格／1.8ℓ/2,520円、720mℓ/1,260円

五臓になめらかに染み入る十和田伝統の味

青森

鳩正宗《はとまさむね》
華吹雪 55 特別純米

八甲田おろしが吹きすさぶ厳寒の地・十和田で、十和田湖から流れる奥入瀬川の伏流水で仕込んだ軽快な飲み口。青森が誇る酒造好適米品種「華吹雪」55%精米の特別純米酒。

- 鳩正宗株式会社
- http://www.hatomasa.jp
- 参考価格／1.8 ℓ /2,520円、720㎖/1,207円

その味わい、
煌々と輝く漁火の如く

青森

陸奥八仙《むつはっせん》
ISARIBI
特別純米

初秋の夜、八戸の水平線いっぱいに並ぶイカ釣り漁船の灯り。その幻想的な海の夜景をイメージし、「青森の新鮮な海の幸とともに楽しむお酒」を意識して造られた1本。やや辛口。

- 八戸酒造株式会社
- http://www.mutsu8000.com
- 参考価格／1.8ℓ/2,625円、720mℓ/1,365円

「六号酵母」が創りだす美味

秋田

新政《あらまさ》 No.6 R-type
特別純米

蔵元は、現存する協会酵母のなかで最も古い「六号酵母」の発祥蔵。米の甘みとふくらみを理想的に表現し、それでいて酸味をしっかり感じさせてくれる飽きない味わいが特徴。

- 新政酒造株式会社
- http://www.aramasa.jp
- 参考価格／1.8ℓ/2,640円、720mℓ/1,320円

爽やかに漂う吟醸香に酔いしれる

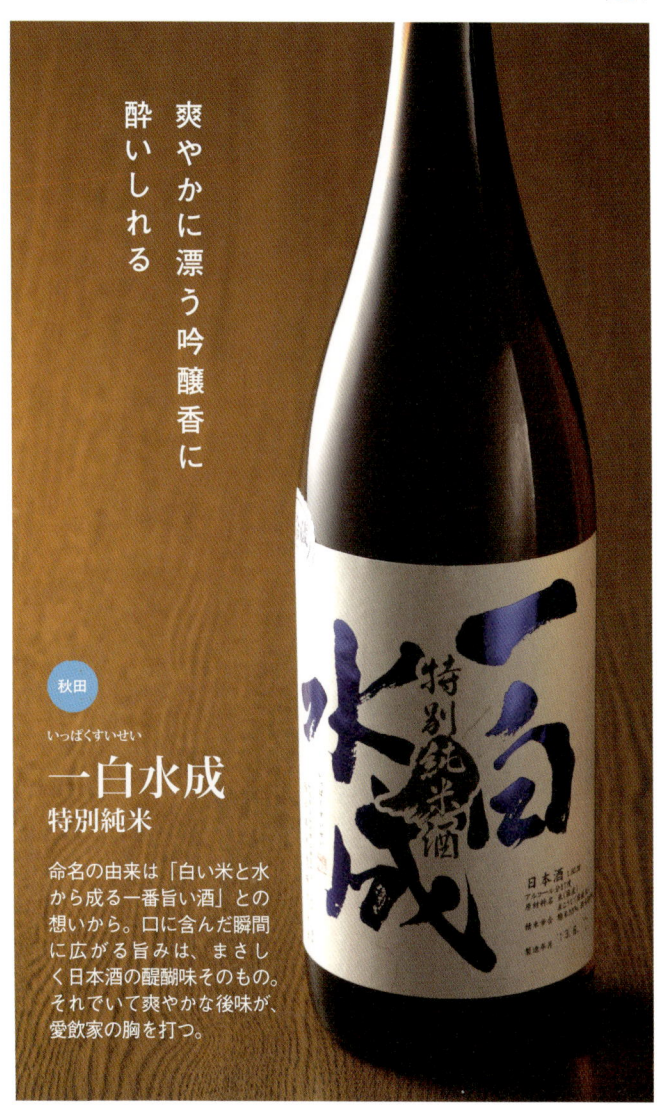

秋田

一白水成《いっぱくすいせい》
特別純米

命名の由来は「白い米と水から成る一番旨い酒」との想いから。口に含んだ瞬間に広がる旨みは、まさしく日本酒の醍醐味そのもの。それでいて爽やかな後味が、愛飲家の胸を打つ。

- 福禄寿酒造株式会社
- http://www.fukurokuju.jp
- 参考価格／1.8ℓ/2,415円

華やかに香る 九号系酵母の仕事にご注目

秋田

春霞《はるかすみ》 赤ラベル 純米

地元で収穫された美山錦、酒こまちを使用。蔵元得意の九号系酵母の使用で、バナナを思わせる華やかな香りとおだやかな酸味、柔らかい甘みを醸す。苦味のある後味もまた上質。

- 合名会社栗林酒造店
- http://harukasumi.com
- 参考価格／1.8ℓ/2,415円、720mℓ/1,207円

しっかりと整えられた
骨太な美味

宮城

日輪田《ひわた》 蔵の華 純米吟醸

宮城県が誇る酒米・蔵の華を50%まで磨き上げ、宮城A酵母で醸した純米吟醸。湧き立つ麹の香りと、シャープな口当たりにファンが急増中。ハリのある酸味にもご注目を。

■ 萩野酒造株式会社
■ http://www.hagino-shuzou.co.jp
■ 参考価格／1.8ℓ/2,940円、720mℓ/1,470円

羽州誉使用の香り高き味わい

山形

惣邑《そうむら》 羽州誉 純米吟醸

「十四代」の高木辰五郎氏が独自開発した酒米・羽州誉を初めて使用した日本酒。香りは優しく、口に含むとふくらみのあるほどよい甘みが広がる。酸味とのバランスも良好。

■ 長沼合名会社
■ 参考価格／1.8ℓ/3,300円、720㎖/1,650円

最大限に引き立つ
米の味わい

福島

金紋会津《きんもんあいづ》
山の井
純米吟醸

江戸時代から維持する土蔵で伝統の味を造り続ける、元禄年間に創業した老舗の酒蔵。地下水で仕込んだまろやかな口当たりで、米本来のほのかな甘みと旨みを感じさせてくれる。

- 会津酒造株式会社
- http://www.kinmon.aizu.or.jp
- 参考価格／1.8ℓ/3,990円、720mℓ/1,890円

食中酒であることにこだわった１本

栃木

大那《だいな》
那須五百万石
純米吟醸

那須高原の麓で、有機循環型農法によって栽培された酒米・那須五百万石で醸した１本。口内に満たされる酸味、そしてあとに残らない切れ味は、食中酒として理想的。

- 菊の里酒造株式会社
- http://www.daina-sake.com
- 参考価格／1.8ℓ/2,940円、720mℓ/1,470円

口のなかでふくらむ
果実味に唸る

茨城

大観《たいかん》
純米吟醸

地元茨城の酒米・ひたち錦を使用し、仕込み水は蔵内で採取される天然水を用いる。純米らしい力強さに加え、ふくらみのあるフルーティーな香りが上品な味わいを形成。

- 森島酒造株式会社
- http://www.taikan.co.jp
- 参考価格／1.8ℓ/2,730円、720㎖/1,365円

洋梨を思わせる フルーティーな香り

群馬

浅間山《あさまやま》 カー 吟醸

麹米・若水、掛米・チヨニシキを使い、55%まで磨き上げた吟醸酒。“華やかになりすぎない適度な香り”をコンセプトにしながら、洋梨を想起させるほのかな香りと甘みが楽しめる。

- 浅間酒造株式会社
- http://www.asama-sakagura.co.jp
- 参考価格／1.8ℓ/2,000円

酸味、コクの理想的なバランス

長野

本金《ほんきん》
純米

酸を基調とし、コクのある甘みを生かして整えられた味わいが特徴。ほどよいふくらみを感じさせ、食中酒として主張しすぎず、それでいて食事を引き立ててくれる純米酒。

- 酒ぬのや本金酒造株式会社
- http://honkin.net
- 参考価格／1.8ℓ/2,380円、720㎖/1,200円

キレと風味の絶妙なバランスに刮目

富山

黒部峡《くろべきょう》
純米吟醸

背後には北アルプスに連なる山また山、前方には日本海のヒスイ海岸を臨む、自然豊かで無公害の立地に立つ蔵元。爽やかなキレと、豊かな風味を絶妙なバランスで醸した1本。

- 林酒造場
- http://www.hayashisyuzo.com
- 参考価格／1.8ℓ/2,700円、720mℓ/1,350円

伊勢の国で仕込まれた新星

三重

寒紅梅《かんこうばい》
純米吟醸

安政元年から清酒造りの技術を磨いてきた伝統ある酒蔵。ほぼ全工程を手仕事で行なうため、毎年かぎられた量しか仕込めない。アンズや黄桃を思わせる香りと、綺麗な甘みが特徴。

- 寒紅梅酒造株式会社
- http://www.kankoubai.com
- 参考価格／1.8ℓ/2,940円、720mℓ/1,470円

低精白で仕込まれた純米酒

滋賀

七本鎗《しちほんやり》

低精白純米 80%精米

純米

酒米の精米を80%に抑え、米が持つもともとの旨みをそのまま引き出す。かすかな果実味はそのまま米の甘みにも通じ、フレッシュな酸味がトータルに味をまとめてくれている。

- 冨田酒造有限会社
- http://www.7yari.co.jp
- 参考価格／1.8ℓ/2,625円、720㎖/1,313円

ビギナーにも飲みやすい 上品な風味

和歌山

紀土《きっど》 純米

日本酒を飲み慣れていない人にも薦めやすい、上品な香りと、しっかりとやさしい旨みを併せ持った1本。食中酒としての出番も多そうな、飽きのこない辛口。

- 平和酒造株式会社
- http://www.heiwashuzou.co.jp
- 参考価格／1.8ℓ/1,890円、720㎖/945円

年月をかけてたどり着いた
フレッシュな味わい

京都

澤屋《さわや》まつもと《まつもと》

守破離
純米

ラベルに謳われた「守破離」とは、伝統を守り、“守”を破り、“守”と“破”を大切にしつつそこから離れて新境地を開拓することの意。透明感と旨味は、蔵元のひとつの到達点だ。

■ 松本酒造株式会社
■ http://www.sawaya-matsumoto.com
■ 参考価格／1.8ℓ/2,300円

観音様のように柔らかな味を演出

兵庫

播州一献《ばんしゅういっこん》 ののさん
純米吟醸

「ののさん」とは、但馬地方の方言で観音様のこと。観音様のようにおだやかな味わいを目指して設計され、播州地域ならではの良質の米・水で醸した、柔らかい味わいが特徴。

- 山陽盃酒造株式会社
- http://www.sanyouhai.com
- 参考価格／1.8ℓ/2,730円、720mℓ/1,365円

八百万の神々に守られた愛すべき1本

島根

出雲富士《いずもふじ》 佐香錦 特別純米

八百万の神々に守られる出雲平野の中心で、出雲産の酒米・佐香錦を60%精米した特別純米酒。口のなかからするりと抜けていくような口当たりで、酸味のバランスも上々。

- 富士酒造合資会社
- http://www.izumofuji.com
- 参考価格／1.8ℓ/2,690円、720㎖/1,390円

自慢の名水で仕込んだ シャープな切れ味

広島

宝剣《ほうけん》
八反錦 緑ラベル
純米

蔵内に湧き出る水は、120年前に野呂山に降った雨雪。最高の仕込み水と、広島県が誇る酒米・八反錦を使用し、優しく上品な香りと、シャープな味わいを実現した。

- 宝剣株式会社
- http://www2u.bigℓobe.ne.jp/~houken
- 参考価格／1.8ℓ/2,415円、720mℓ/1,207円

酒米・雄町のポテンシャルにふれる

広島

賀茂金秀《かもきんしゅう》 雄町 純米吟醸

山田錦と並び称される酒造好適米、雄町。その芳醇な味わいと爽やかなコクを兼ね備えた、人気の1本。飲み手を選ばない軽快な口当たりも、多くのファンを擁する理由だろう。

- 金光酒造合資会社
- http://www.kamokin.com
- 参考価格／1.8ℓ/3,150円、720㎖/1,575円

幅広い世代に好まれる果実味あふれる１本

愛媛

川亀《かわかめ》 山田錦 純米大吟醸

山田錦を高精白し、低温長期もろみでフルーティーな香りに仕上げられている。上質な米の旨みを感じさせ、淡白な料理に合わせやすい。幅広い世代に支持されるのも納得の風味。

- 川亀酒造合資会社
- 参考価格／1.8ℓ/3,500円、720mℓ/1,750円

落ち着きのある旨みを醸す

福岡

田中六五《たなかろくじゅうご》
純米

昔ながらの“ハネ木搾り”で丁寧に酒を搾る酒蔵。名称の由来は、酒米を育んだ“田の中”に、精米歩合65%であることから。清々しい香りと、舌を包む落ち着いた辛味が絶妙。

- 有限会社白糸酒造
- http://www.shiraito.com
- 参考価格／1.8ℓ/2,880円、720mℓ/1,440円

控えめな香りと
ドライな後味が特徴

佐賀

古伊万里《こいまり》 前
純米

なめらかな舌触りで、濃厚な甘みを堪能したあとには、キレのいいドライな後味が待っている。黄桃を思わせる香りは控えめで、食中酒としても理想的なバランス。

- 古伊万里酒造有限会社
- http://www.meritbank.net/koimari
- 参考価格／1.8ℓ/2,400円、720mℓ/1,200円

PICK UP!
5

湘北の背番号14と言えば……!?

福岡

三井の寿《みいのことぶき》 +14 大辛口 純米吟醸

この裏ラベルのデザインを見て、ピンとくる人も多いだろう。そう、国民的な人気を集めたバスケ漫画『スラムダンク』に登場する、湘北高校バスケ部のユニフォームを模している。背番号14は、主要キャラの1人「三井寿」だ。

もともと作品より先に「三井の寿」が存在しており、登場人物の名前の多くが福岡界隈の地名から採用されていることから、“日本酒度＋14”という大辛口モデルを試作したのが始まり。山田錦100%の旨みをしっかり生かした仕上がりで、作品のファンならずとも満足すること請け合いだ。

■ 井上合名会社
■ 参考価格／1.8ℓ/2,888円

閑話休題 3

飲み残した日本酒の活用法

上質な料理酒として使う

日本酒のボトルを開栓したものの飲みきることができず、冷蔵庫にストックしているうちに味が落ちてしまった――。そんな経験、誰しもあるのではないでしょうか。

15%前後のアルコール分を含む日本酒は、ほとんどの細菌が増殖できる環境にないため腐りにくく、未開栓のまま保存状態が整っていれば、手元で何年も熟成させることができる飲み物です（ただし、高いアルコール度数のなかでも生きられる火《ひ》落菌《おちきん》という菌も存在します。開栓後は要注意）。

ここでテーマにしたいのは、飲み残してしまった日本酒を、どう活用するかということです。

真っ先に思い浮かぶのは、料理酒として使うことでしょうか。

料理用に売られている料理酒は、酒税法の関係で、食酢や食塩を添加して、飲用に適さないよう手が加えられています。要は、酒として飲めるかたちで流通すると、税金が課されるわけですね（料理酒が飲用の日本酒よりも安く売られているのはこのため)。

料理家のなかには、風味や香りが大きく異なるとして、調理の際に料理酒ではなく日本酒を使う人も珍しくありません。飲みきれない日本酒がお手元にあるなら、贅沢な料理酒として活用するのはありでしょう。

入浴剤として使う

残った日本酒を入浴剤代わりに湯船に注ぐ「酒風呂」も、とくに女性に人気の活用術です。某有名女優が酒風呂をたしなんでいることを明かしたことで、女性誌で特集が組まれることもしばしば。

投入するお酒は、高価なものである必要はありません。分量も、一般的な浴槽であれば、3～4合も注げば十分でしょう。

アルコールの働きで血行が促進され、さらに日本酒が含むアミノ酸やビタミン、ミネラルが肌を整え、保

閑話休題 3

湿の効果を発揮するとされています。

ただし、香りが残りやすいので、入浴後には浴槽の掃除が欠かせません。

マッサージに使う

最後にちょっと変わったところでは、日本酒を使ったマッサージというのも近年アスリートの間で話題になっています。

日本酒を適量、皮膚にすり込むようにしてマッサージをするもので、こちらも某プロ野球選手が怪我から再起する際に効果を発揮したとして、一時期頻繁に報じられました。

日本酒をすり込むことでその部位の代謝が上がり、マッサージとの相乗効果で炎症を和らげるというものです。

一説には、使用できるのは純米酒に限るとも言われますが、アミノ酸やビタミンによる美肌効果を期待して、気軽に試してみてはいかがでしょう？

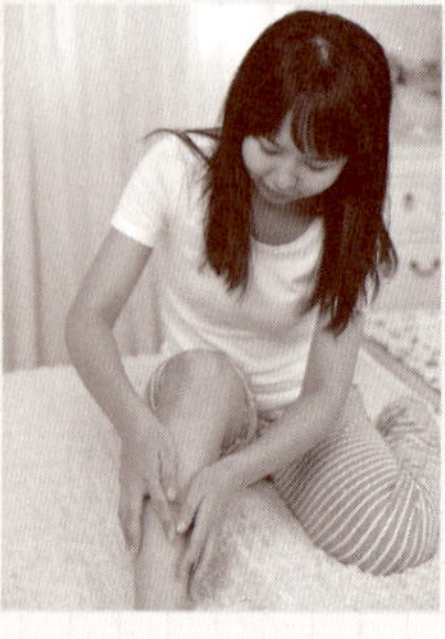

※酒風呂、酒マッサージともに、医学的な効果を保証するものではありません。

日本酒がおいしいと思いはじめたら、まず読む本。

保存版

ビギナーのための
日本酒の教科書

日本酒のラベルには何が書いてある？

日本酒のボトルに貼り付けられている、銘柄を示す色とりどりのラベル。同じブランドであっても、製法や原料の違いなどによって複数のバリエーションを持つことは珍しくないから、酒販店などでお目当ての1本を見つけだそうと思ったら、ラベルのチェックは欠かせない。

けれどそのラベル、様々な情報がたくさん書き込まれていて、どこをどう読み解けばいいのかわかりにくい――というのが一般的な意見だろう。

ご存じの通り、日本において酒類は法律で厳しく管理されている。ラベルに記載されている項目のなかには、明記することが法律で義務付けられているものもあれば、蔵元がPRの意味で記載している文言もある。

では、ラベルの情報からピンポイントに好みのタイプの日本酒を絞り込むには、どこを見ればいいのか？具体的にチェックしていこう。

鶴齢
魚沼讃水
創業

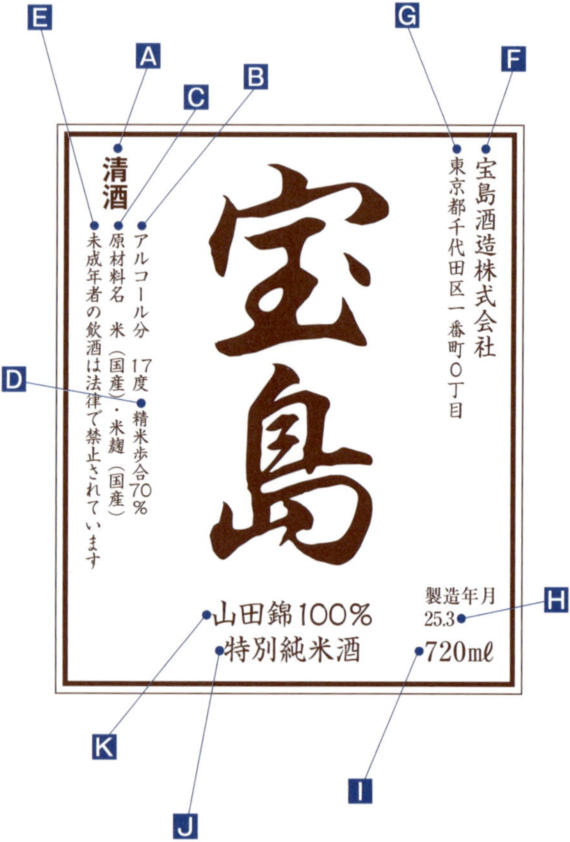

G
F
宝島酒造株式会社
東京都千代田区一番町〇丁目
宝島
B
アルコール分 17度
D
精米歩合70%
C
原材料名 米（国産）・米麹（国産）
A
清酒
E
未成年者の飲酒は法律で禁止されています
製造年月
25.3
H
山田錦100%
K
特別純米酒
J
720mℓ
I

まずは表ラベルから。A～Iまでの項目は、法律によって記載することが義務付けられている項目だ。その意味は以下の通り。

A 酒の種類

清酒、あるいは日本酒と明記される。

B アルコール分

このお酒に含まれるアルコール度数。

C 原材料名

「水」以外に使われた原材料。

D 精米歩合

特定名称酒（p.148参照）の場合のみ表記する。

E 未成年者の飲酒防止に関する注意書き

ほかに、「お酒は20歳を過ぎてから」などと記載するケースも。

F 製造者

製造した蔵元の名前。

G 製造場所在地

製造した蔵元の住所。

H 製造時期

場合によっては「輸入年月」を記載するケースも。

I 内容量

一升瓶の場合は1.8ℓ。

J 特定名称

製法や原材料による区分（p.148参照）。

K 原料米

原料となった酒米の品種。

次に、瓶の背面に貼ってある裏ラベル、あるいは瓶が収められた箱にご注目を。右写真のような項目が記載されているのを見かけることがあるはず。これらはその製品の特徴を示すものだ（以下の項目は一例）。

A 味わい

甘口か辛口か、濃醇か淡麗か、好みの分かれる飲み口について、目安を表記。ただし、味覚はあくまで受け手の感性によるものなので、まずはこの表記と見比べながら試飲してみて、自分なりの基準を持つことが大切だ。

B 醸造方法

製法により、名称が決まる。

C 精米歩合

原料米を磨いて残った割合。

D 日本酒度、酸度

日本酒が銘柄によって甘く感じられたり辛く感じられたりするのは、この２つの数値に左右される（詳しくはp.140 ～）。

E 飲み方

日本酒は温度によって印象ががらりと変わる。どの温度で飲むのがふさわしい設計なのかが示されている（詳しくはp.142 ～）。

ただし、実際には日本酒度や酸度というのは、設計上の数値に過ぎず、実際の仕上がりとは異なるケースが多い。飲みたい日本酒のタイプが明確であるなら、酒蔵名や銘柄で指定するのが一番。居酒屋などでお気に入りの１本に出会ったら、忘れずにメモしておこう。

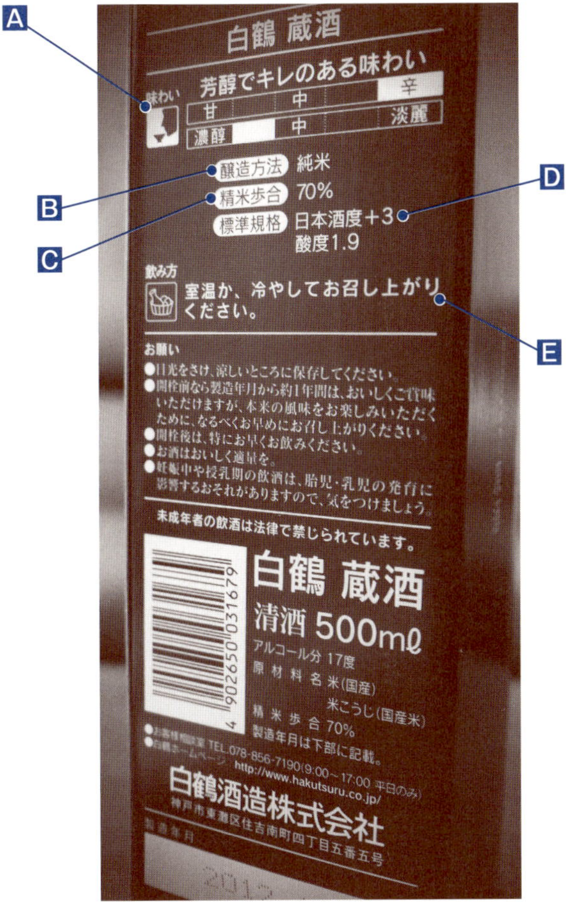
A
B
C
D
E
白鶴 蔵酒
芳醇でキレのある味わい
味わい
辛
甘 中 淡麗
濃醇 中
醸造方法 純米
精米歩合 70%
標準規格 日本酒度＋3 酸度1.9
飲み方
室温か、冷やしてお召し上がりください。
お願い
●日光をさけ、涼しいところに保存してください。
●開栓前なら製造年月から約1年間は、おいしくご賞味いただけますが、本来の風味をお楽しみいただくために、なるべくお早めにお召し上がりください。
●開栓後は、特にお早くお飲みください。
●お酒はおいしく適量を。
●妊娠中や授乳期の飲酒は、胎児・乳児の発育に影響するおそれがありますので、気をつけましょう。
未成年者の飲酒は法律で禁じられています。
4902650031679
白鶴 蔵酒
清酒 500mℓ
アルコール分 17度
原材料名 米(国産)
米こうじ(国産米)
精米歩合 70%
製造年月は下部に記載。
●お客様相談室 TEL.078-856-7190(9:00～17:00 平日のみ)
●白鶴ホームページ http://www.hakutsuru.co.jp/
白鶴酒造株式会社
神戸市東灘区住吉南町四丁目五番五号

味を示す尺度あれこれ

日本酒の味を決める要素はひとつではないから、最終的な判断材料は自分の“舌”次第と言うほかない。しかし居酒屋や酒販店で膨大な数の銘柄を前にしてもいまひとつピンとこず、結局「辛めのやつをください」とか、「生まれ故郷の○○県産のものにしよう」といったセレクトになってしまうのは、いかにもありがち。

せめて、おおまかに辛口なのか甘口なのか、クリアな味なのか複雑な味なのか、なんとなくでも方向性を示す指標を知っておきたい。

●精米歩合

ひとつには、酒米の種類や精米歩合に着目する方法がある。米の品種による味の違いが理解できるようになれば上級者だが、ビギナーでも精米歩合による味の違いは比較的わかりやすいのではないだろうか。

原料米は磨けば磨くほど、クリアな味になる。逆に、タンパク質や脂肪などを含む米の表層部が多く残っているほど、お酒の香りや味を邪魔することになる。その目安となるのが精米歩合だ。

精米歩合とは、磨いたあとの白米本体の割合をパーセンテージで示したもの（玄米の状態が100%）。つまり、「精米歩合40%」と表記されていた場合は、玄米から60%を削り落とした状態ということになるわけだ。

●日本酒度

日本酒の「甘い」「辛い」を規定するのが日本酒度だ。これは日本酒の比重を示す尺度で、糖分の多い日本酒ほど比重が重く、糖分が少ない日本酒ほど比重が軽い。

4℃の水と同じ比重の日本酒を「日本酒度0」とし、ここを基準に、比重が大きい（糖分が多い）酒をマイナス、比重が軽い（糖分が少ない）酒をプラスと表記する。つまり、プラス数値が大きいほど辛口で、マイナス数値が大きいほど甘口ということになる。

もっとも、これはあくまで尺度のひとつに過ぎない。日本酒の味はほかの要素によって大きく変わるので、この数値を参考にし過ぎず、目安のひとつに留めるべきだろう。

●酸度

日本酒度と併記されることの多い酸度は、日本酒に含まれる乳酸やコハク酸、リンゴ酸などの量を示す数値だ。酸度が高いほど味が濃く感じられる。

●アミノ酸度

アミノ酸度はその名の通り日本酒に含まれるアミノ酸の量を示す数値で、味の濃淡をはかる目安になるもの。

日本酒には主に、アルギニンやチロシン、グルタミン酸など、およそ20種類のアミノ酸が含まれている。含有するアミノ酸が多いほどコクのある濃い味になり、少ないほど淡い味になるとされているが、アミノ酸が多過ぎると、雑味が強まることもある。

冷や、ぬる燗、熱燗……etc.
温度の指定の仕方

日本酒といえば「冷や」もしくは「熱燗」で飲むスタイルが最も一般的だろう。ただしここで、多くの人が誤解していることがひとつ。「冷や」とは冷蔵庫で冷やした冷酒のことではなく、常温のことを言う。そして、お酒を加温する「燗」にも、温度によってまた別の呼び名（段階）があることも覚えておこう。

日本酒は右表のように、温度によって9種類に分けられる。これをどう飲み分けるかは個人の好みでいいし、あるいはその銘柄の酒蔵が推奨する飲み方に準じるのが正解だろう。

参考までに付け加えるなら、燗にすると香りが飛んでしまうため、大吟醸など華やかな香りを楽しむタイプのお酒は冷やして、純米酒などの旨みやコクを引き立てるなら常温、もしくはお燗が適している。

季節によっても、好みの飲み方は変わるだろう。その時々、その銘柄ごとのとっておきのスタイルを見つけてほしい。

お酒を飲む温度

飛び切り燗	55℃以上	口のなかに刺激を与える熱さ。お好みで。
熱燗	50℃前後	舌から喉にかけて、熱とともに風味が染み入る熱さ。
上燗	45℃前後	口のなかにお酒の旨みがまろやかに広がる熱さ。
ぬる燗	40℃前後	口当たり柔らかで、甘みを強く感じさせる熱さ。
人肌燗	35 度前後	文字通り、舌に負荷のかからない温度。
日向燗	30℃前後	お酒の素の味がゆるやかに広がる温度。
涼冷え	15℃前後	すっきりとした後味を感じさせてくれる温度。
花冷え	10℃前後	キレのいい喉越しを堪能できる温度。
雪冷え	5℃前後	キリッとした刺激とともにお酒を味わえる温度。

日本酒用語集

アミノ酸度（あみのさんど）
日本酒に含まれるアミノ酸の量を示す指標。数値が大きいほど旨みの濃い味に、小さいほど淡麗な味になるとされる。

あらばしり
酒造りの工程で、最後の段階でもろみから酒を搾る際、最初に出てくるもの。微量の炭酸ガスを含み、麹の香りが強いのが特徴。あらばしりの次に出てくるものを「なかだれ」、最後に加圧して搾り出すものを「せめ」と呼ぶ。

雄町（おまち）
酒造好適米の品種のひとつ。岡山県が発祥で、今日では近隣の地域でも栽培されている。

掛米（かけまい）
酒造りの工程で、蒸しあげて酒母、もろみに加える。

貴醸酒（きじょうしゅ）
仕込み水の一部に日本酒を使った日本酒。

生酛（きもと）
酒母の製法のひとつ。有害菌を抑えながら、自然の乳酸菌が出す乳酸で酵母を増やす。

協会酵母（きょうかいこうぼ）
財団法人日本醸造協会が頒布する酵母。

吟醸香（ぎんじょうこう）
吟醸造りによって引き出される、独特の華やかな香り。

吟醸酒（ぎんじょうしゅ）

米、米麹、醸造アルコール、水を原材料とする日本酒。精米歩合60％以下、醸造アルコールの添加量が白米重量の10％以下、麹米の使用割合15％以上などの条件を満たしたもの。吟醸造りで特有の香りが引き出される。

吟醸造り（ぎんじょうづくり）

精米歩合の低い米を、低温でじっくり発酵させる製法。

麹（こうじ）

蒸した穀物に菌を付着させて繁殖させたもの。アミノ酸や乳酸菌を多く含み、日本では古くから天然の調味料として活用されてきた。

麹米（こうじまい）

酒造りの工程で、麹造りに用いる原料米。

酵母（こうぼ）

自然界に存在する微生物。きのこやカビの仲間で、酒造りだけでなくパン作りや味噌造りなど様々な場面で活用される。タンパク質やビタミンＢ群、葉酸、アミノ酸など、多くの栄養が含まれている。

五百万石（ごひゃくまんごく）

酒造好適米の品種のひとつ。主に新潟や北陸で栽培されている。

米麹(こめこうじ)
原料米に麹菌を生やしたもので、米を溶かしてデンプンを糖に変える役割を担う。

酒蔵(さかぐら)
もともとは酒を貯蔵するための蔵を指す言葉だが、転じて、酒造会社そのものを指して使われることも。蔵元も同義。

酸度(さんど)
日本酒に含まれる酸の量を示す指標。数値が高いほど味が濃く感じられるとされる。

仕込み水(しこみみず)
主原料として使用される水。多くは軟水が使用されるが、まれに硬水を使う酒蔵も。

酒造好適米(しゅぞうこうてきまい)
日本酒の原料に適した品種の米。ふだん食用に使われている米よりも大粒で、心白（中心部の白く不透明な部分）を持つものが多い。醸造用玄米とも呼ばれる。

酒母(しゅぼ)
酒造りの工程で使う、米や麹からもろみ状のものを造り、酵母を増殖させたもの。“酛（もと）”とも呼ばれる。

純米酒(じゅんまいしゅ)
米、米麹、水を原材料とする日本酒で、醸造アルコールを添加せず、自然発酵のアルコール分のみで造られたもの。

純米吟醸酒(じゅんまいぎんじょうしゅ)
吟醸造りで仕込まれた純米酒のなかで、精米歩合60%以下、麹米の使用割合15%以上などの条件を満たしたもの。

純米大吟醸酒(じゅんまいだいぎんじょうしゅ)
吟醸造りで仕込まれた純米酒のなかで、精米歩合50%以下、麹米の使用割合15%以上などの条件を満たしたもの。

醸造アルコール(じょうぞうあるこーる)
サトウキビなどの穀類から造られたアルコール。多くの日本酒では、製造過程で醸造アルコールが加えられている。これを添加せず、自然に発酵したアルコール分だけで構成されるものを「純米酒」と称する。

精米歩合(せいまいぶあい)
酒造りにあたり、原料となる米をどれだけ精米したのかを示す数字。たとえば、もともとの玄米の状態から60%を削った場合、「精米歩合40%」と表現する。

速醸酛(そくじょうもと)
日本酒を仕込む際に、人為的に乳酸菌を生やす製法で、乳酸菌に乳酸を作らせる生酛や山廃酛よりも、スピーディーな製造が可能。

大吟醸酒(だいぎんじょうしゅ)
米、米麹、醸造アルコール、水を原材料とする日本酒。精米歩合50%以下、醸造アルコールの添加量が白米重量の10%以下、麹米の使用割合15%以上などの条件を満たしたもの。吟醸造りで特有の香りが引き出される。

特定名称(とくていめいしょう)
国税庁が定めた規格で、製法や原料により「吟醸酒」「大吟醸酒」「純米酒」「純米吟醸酒」「純米大吟醸酒」「特別純米酒」「本醸造酒」「特別本醸造酒」の8種に分類される。これ以外のものを「普通酒」と称する。

特別純米酒(とくべつじゅんまいしゅ)
醸造アルコールを添加しない純米酒のなかで、精米歩合60%以下、あるいは特別な製法で造られ、麹米の使用割合15%以上などの条件を満たしたもの。

特別本醸造酒(とくべつほんじょうぞうしゅ)
本醸造酒のなかで、精米歩合60%以下、あるいは特別な製法で造られ、醸造アルコールの添加量が白米重量の10%以下、麹米の使用割合15%以上などの条件を満たしたもの。

生酒(なまざけ)
製造の過程で一度も火入れを行なっていない日本酒。

生詰(なまづめ)
製造の工程で、1度火入れを行なってから貯蔵し、瓶詰めしたもの。

生貯蔵(なまちょぞう)
製造の工程で、火入れを行なわないまま貯蔵し、その後1度だけ火入れをして瓶詰めしたもの。

日本酒度(にほんしゅど)
日本酒の比重を示す指標で、プラスの数値が大きいほど辛口で、小さいほど甘口になるとされる。

ひやおろし
寒い時季に仕込んで貯蔵した日本酒を、火入れせず冷やのまま出荷したもの。

普通酒(ふつうしゅ)
特定名称酒に含まれないお酒。

本醸造酒(ほんじょうぞうしゅ)
米、米麹、醸造アルコール、水を原材料とする日本酒。精米歩合70%以下、醸造アルコールの添加量が白米重量の10%以下、麹米の使用割合15%以上などの条件を満たしたもの。

美山錦(みやまにしき)
酒造好適米の品種のひとつ。主に北日本で栽培されている。

無濾過(むろか)
製造の行程で、絞ったあとに濾過する行程をあえて省くこと。雑味やにごりが残る一方で、濃厚な味や香りが引き立ち、人気がある。

もろみ
酒母と米麹、蒸米、水を仕込んだもの。仕込まれたタンク内では、麹が米から糖を作るのと同時に、アルコール発酵が進む。

山卸(やまおろし)
生酛造りの工程において、蒸米や麹、水を自然冷却させたものをすりつぶす作業。長時間にわたる過酷な作業で、蔵人の負担が大きいため、山廃や速醸酛といった製法が開発された。

山田錦(やまだにしき)
酒造好適米の代表的な品種。全国で栽培されているが、兵庫県の北西部で生産されたものがとりわけ良質とされる。

山廃仕込み(やまはいじこみ)
山廃とは「山卸廃止酛仕込み」の略称。麹の酵素が米を溶かす働きを応用し、山卸の工程を廃止した製法。

閑話休題 4

お酒を飲むと太る？

蓄積されにくいエンプティカロリー

「ビール腹」という言葉があるように、一般的にお酒はカロリーの高い、太りやすい飲み物というイメージが根強くあります。

たしかに、アルコールにもカロリーがあるのは事実ですから、量を飲み過ぎればそれだけ多くのカロリーを摂取することになるのは間違いないでしょう。

ちなみに、アルコール1gあたりのカロリーは約7kcalと言われていますから、10gで10kcal、100gで100kcalほどになる計算。これを思ったより高いと受け取るか、意外とローカロリーと受け取るかは見方の分かれるところかもしれません。

ちなみに、アルコール以外の成分に含まれるカロリーを含めると、日本酒100mℓあたりのカロリーは、およそ100kcal強。この数字は製法や原料などによって多少増減しますが、仮に2合飲んだとするなら、ざっと370kcalほど摂取するものと試算できます。100%オレンジジュースが200mℓあたりおよそ80～90kcalであることを踏まえると、これはたしかに高カロリーと言わざるを得ません。

ただし、アルコールの持つカロリーは「エンプティカロリー」と呼ばれ、体内に蓄積されにくく、糖質や脂質などよりも先に、熱として放出されるとされています。一説には、お酒を飲んだ際に体温が上がるのは、エンプティカロリーが熱として放出されるためとも言われています。

つまみや食事内容にご注意

それでも、大酒飲みで太りやすい人にとって、そうした理屈はなかなか体感しにくいのが現実でしょう。付き合いや接待などでお酒の席が続くと、てきめんに体重が増えていくという人も少なくないはず。

しかし、一概にアルコールだけを悪者にすることはできません。お酒で摂取したカロリー以上に、一緒に食べている食事やおつまみに原因があるケースがほとんどだからです。

実際、ビールを飲んでいると、どうしても脂っこいものやタンパク質の多いものなど、高カロリーな料理につい手が伸びるのはいかにもありがちなこと。ビール腹の原因のひとつはここにあります。

そう考えると、魚料理や野菜など、比較的ヘルシーな料理と相性がいい日本酒は、むしろダイエットの味方——と考えるのは、ちょっとポジティブ過ぎるでしょうか。いずれにしても、健康面を考えるなら、お酒も料理もほどほどの適量を意識することが大切ですね。

日本酒をワイングラスで飲むスタイルも、
いつの間にかだいぶ定着してきた。
時代に合わせて、よりクールに。
よりスタイリッシュに。
日本酒のたしなみ方も、
時とともに絶え間なく進化していく。

名酒入手情報

はせがわ酒店全店舗リスト

気になる銘柄にあたりをつけたら、ぜひ実際にその味わいに触れてほしい。居酒屋でたしなむのもよし、酒販店で購入し、晩酌のお楽しみにするのもよし。ここでは入手情報の参考として、本書が案内する銘柄選定に協力いただいた株式会社はせがわ酒店の店舗情報を網羅した。

（時期により、特定商品が欠品することがあります）

亀戸店

はせがわ酒店本社を兼ねる店舗で、全店を通じて一番の品揃えを誇る。本数限定品の販売も頻繁に行なっているので、マニアックな名酒に出会えるかも!?

- 所在地：〒136-0071 東京都江東区亀戸1-18-12
- TEL：03-5875-0404
- 営業時間：11：00 - 21：00（月-日）
- 定休日：無休

麻布十番店

麻布十番の街並みに溶け込んだ、スタイリッシュなデザインが目を引く。明るいスタッフが待っているので、求めている銘柄、飲みたいお酒のタイプを気軽に相談してみよう。

■所在地:〒106-0045 東京都港区麻布十番2-3-3
■TEL:03-5439-9498
■営業時間:11:00-21:00(月-日)
■定休日:無休

表参道ヒルズ店

従来の「酒屋」のイメージを覆すような、モダンな内装が印象的。気軽に飲めるミニボトル(180 〜 720㎖)の品揃えも豊富。3000 円以上の購入で駐車料金 1 時間サービスも。

■所在地:〒150-0001 東京都渋谷区神宮前4-12-10表参道ヒルズ本館3階
■TEL:03-5785-0833
■営業時間:月-土/11:00 - 21:00、日・連休最終日/11:00 - 20:00
■定休日:無休(年 2 回の休館日あり)

東京駅 GranSta店

首都圏の表玄関・東京駅構内に設置されたショップ。日本酒はもちろん、焼酎やワインなど“国産の旨い酒”にこだわり、逸品を多数取り揃えている。

- 所在地：〒100-0005 東京都千代田区丸の内1-9-1 JR東日本東京駅構内地下一階
- TEL：03-6420-3409
- 営業時間：月-土/7:00-22:00　日/7:00-21:00
- 定休日：無休

東急 二子玉川店

再開発の進むトレンドスポットで、“新たな日本のお酒の楽しみ方を紹介し、宣伝し、応援する店”としてオープン。二子玉川駅直結（東急フードショー内）で、交通の便も抜群。

- 所在地：〒158-0094 東京都世田谷区玉川2-21-1二子玉川ライズショッピングセンター 地下1階
- TEL：03-6805-7303
- 営業時間：10:00-21:00（月-日）
- 定休日：無休（元日のみ休）

東京スカイツリータウン・ソラマチ店

東京の新名所、スカイツリーのふもと「ソラマチ商店街」内にオープン。日本独自の風土で培われてきた日本酒の文化を、世界一の電波塔から全国、そして世界へ発信！

- 所在地：東京都墨田区押上1-1-2「東京スカイツリータウン内東京ソラマチ」1階
- 電話番号　03-5610-2770
- 営業時間　10:00-21:00
- 定休日：無休

パレスホテル東京店

はせがわ酒店唯一のホテル内店舗。日本経済の中心地から、日本酒を新たなビジネスツールとして提案し、また、国内外の消費者に向けた“和の贈り物”としてPRする。

- 所在地：東京都千代田区丸の内1-1-1パレスホテル東京 地下1階
- 電話番号　03-5220-2828
- 営業時間　10:00-21:00
- 定休日：無休（休館日あり）

HASEGAWA SAKETEN 酒友

六本木駅から徒歩数分、六本木交差点にほど近い好立地に誕生した、はせがわ酒店直営のダイニング。周囲の喧騒を感じさせない、隠れ家的な落ち着いた雰囲気で人気。

- 所在地：東京都港区六本木4-12-6 内田ビル 1階
- TEL：03-5786-3533
- 営業時間：月-土/17:00-23:00（22：30 LO）
- 定休日：日、祝

オンライン店

はせがわ酒店の取り扱い商品が自宅でオーダーできるインターネットショップ。日本酒や焼酎、ワインのほか、ノンアルコール商品や食品までラインアップ。稀少銘柄の抽選販売も行なっているので要チェック！

- https://www.hasegawasaketen.com/eshop/

おわりに

大人になって、飲んべえと呼ばれる立場になってみて初めて知ったことだが、街の酒場で「お酒」と言えば、無条件に日本酒のことを指すケースが多い。

もちろん、これはアルコール飲料全般を指す言葉でもあるのだけど、カウンターの向こうで構える大将に向けて「お酒をください」と言えば、それはビールでもワインでもなく、日本酒をリクエストしたものと受け止められるはずだ。

つまり日本酒は、それだけ僕らの生活に深く根付いていることになる。しかし、それにもかかわらず、僕たちは日本酒の定義、製法、銘柄を知ろうとすることを怠ってきた印象がある。

純粋に“おいしい”と感じていながらも、次の一杯を選ぶ際、無根拠に適当な銘柄を口にする自分に気づき、ある日ふと疑問を覚えた。自分にとって本当においしい日本酒ってなんだろう、と。

それを知るためには、今よりももう少しだけ、この伝統ある分野に踏み込む必要がある。自分の好みを誰よりも正確に知っているのは、ほかならぬ自分である。

だから、できることなら、自分の要求にぴったりはまる銘柄を“指名”するスキルを身につけたい。選択肢に見当がつけられなくても、せめて自分が欲する味の正体がつかめれば一歩前進。その一歩のために、まずなにから学ぶべきだろうかと考えたのが、本書が生まれたきっかけだ。

コンセプトをそのままタイトルに掲げ、日本酒をモダンなBARで楽しむことも、ワイングラスで味わうことも肯定したいのが本書のスタンス。これからますます飲んべえ街道まっしぐらな皆さんにとっての、お手頃なテキストとなれば幸いである。

最後になりましたが、本書の制作にあたり、株式会社はせがわ酒店様、とりわけ同社・麻布十番店のスタッフの皆様には、本当に多大なご協力をいただきました。この場を借りて深く、深く、御礼を申し上げます。

大人の粋酔倶楽部

著者紹介

大人の粋酔倶楽部（おとなのきっすいくらぶ）

◆友清 哲（ともきよ・さとし）
1974年、神奈川県横浜市出身。お酒好きのフリーライター。主な著書に『R25 カラダの都市伝説』（宝島 SUGOI 文庫）、『作家になる技術』（扶桑社文庫）、『片道で沖縄まで』(インフォバーン)、『キレイ探求！宮古島。』（秋田書店）ほか。プロボクサーライセンスを持つボクシングオタクにして、最近はバンド「COWPERKING」のベーシストなども。

◆岡村智明（おかむら・ともあき）
1972年、新潟県佐渡島出身。お酒好きのフリーカメラマン。雑誌編集者を経てカメラマンとして独立。料理、旅行、建築分野を中心に雑誌や広告写真で活動する一方、東日本大震災の被災地仮設住宅にて「出張写真館」の開催に注力中。趣味は美味旨酒探訪とクルマ、旅行。http://tomoakiokamura.net

STAFF
ブックデザイン／平田治久(NOVO)
編集／大住兼正

Special Thanks
制作協力／株式会社はせがわ酒店
写真提供／株式会社アフロ
カバー撮影協力／新橋「玉箒」
東京都港区新橋3-18-3　三青ビル地下１階

日本酒がおいしいと思いはじめたら、まず読む本。

（にほんしゅがおいしいとおもいはじめたら、まずよむほん。）

2013年9月27日　第1刷発行
2014年4月10日　第2刷発行
著　者／大人の粋酔倶楽部
発行人／蓮見清一
発行所／株式会社 宝島社
〒102-8388　東京都千代田区一番町25番地
電話：営業03（3234）4621／編集03（3239）0069
http://tkj.jp
振替：00170-1-170829 ㈱宝島社

印刷・製本　図書印刷株式会社

本書の無断転載・複製を禁じます。
落丁・乱丁本はお取り替えいたします。

© Otonanokissuikurabu 2013 Printed in Japan
ISBN 978-4-8002-1369-3